亲爱的同学们：

历经十年寒窗，你们即将推开高考的大门，迈向人生的新阶段，进入憧憬已久的大学校园。在此，我们向你们表示最真诚的祝愿和祝福！

中国农业大学是我国现代高等农业教育的起源地，发轫于 1905 年成立的京师大学堂农科大学。一代代农大人，心忧苍生，情系乡土，历经沧桑，矢志不改，为祖国培养了大批高层次专门人才和各领域专业人才，创造了大量的科技成果，为我国“三农”事业的发展做出了重要贡献。历经百年风雨，承继百年积淀，中国农业大学现为国家重点建设的教育部直属高校，拥有农业与生命科学、资源与环境科学、信息与计算机科学、农业工程与自动化科学、经济管理与社会科学等重点学科群，已经发展成为一所以农学、生命科学、农业工程和食品科学为特色和优势的研究型大学，成为青年学子立志成才、放飞梦想的重要摇篮。

学校的建设与发展得到了国家的高度重视，2012 年时任国家副主席习近平同志视察我校，对我校提出了“真正建成有中国特色的、具有农业特色的一流大学”的要求。2017 年我校入选一流大学建设高校（A 类），学校的发展进入了一个新的历史阶段。

“解民生之多艰，育天下之英才”，是我校百年不变的追求；雄厚的师资力量，优质的研究资源，是青年学子成长、成才的沃土。高考是你们人生中的一次重要机遇，我们期待着你们的选择，等候着你们的到来！在这美丽的校园里，用我们的汗水，用你们的青春，为祖国的未来，为你们的人生，播撒下一片绿色的希望！

党委书记 **姜沛民**

校长 **孙其信**

领导关怀

2012.9.15

时任国家副主席习近平同志来我校参加全国科普日活动，要求学校“真正建成有中国特色的、具有农业特色的一流大学”。

2009.5.2

在五四运动 90 周年到来之际，中共中央总书记、国家主席、中央军委主席胡锦涛来到我校，同广大师生共迎五四青年节。胡锦涛总书记在讲话中明确要求“加快建设世界一流农业大学步伐”。

2005.10.13

全国人大常委会委员长吴邦国视察我校，祝贺学校建校百年，鼓励学校再创辉煌。

2003.5.4

国务院总理温家宝视察我校并发表重要讲话。他说：“如果再有一次上大学的机会，我一定报考农科院校。”

CHINA AGRICULTURAL UNIVERSITY
中国农业大学
校风
团结 朴实
求是 创新

校训

解民生之多艰
育天下之英才

教育部直属全国重点大学

国家首批“211 工程”重点建设高校

国家“985 工程”重点建设的高水平研究型大学

国家“双一流”建设高校

CHINA AGRICULTURAL UNIVERSITY

中国农业大学

2019 年本科招生报考指南

中国农业大学招生办公室

中国農業大學出版社

CHINA AGRICULTURAL UNIVERSITY PRESS

·北京·

图书在版编目 (CIP) 数据

中国农业大学2019年本科招生报考指南 / 林万龙，付立忠主编 .—北京：中国农业大学出版社，2019.5

ISBN 978-7-5655-2207-9

Ⅰ . ①中… Ⅱ . ①林…②付… Ⅲ . ①中国农业大学 – 招生 – 介绍 –2019 Ⅳ . ① S-40

中国版本图书馆 CIP 数据核字（2019）第 076460 号

书　名 中国农业大学 2019 年本科招生报考指南

作　者 林万龙　付立忠　主编

责任编辑 席　清　王笃利

设计单位 潮风设计

出版发行 中国农业大学出版社

社　　址 北京市海淀区学清路甲 38 号金码大厦 A 座

电　　话 发行部　010-62818525/8625

编辑部　010-62732617/2618

出版网址 www.caupress.cn

邮政编码 100083

读者服务部　010-62732336

出　版　部　010-62733440

经　　销 新华书店

印　　刷 涿州市星河印刷有限公司

版　　次 2019 年 5 月第 1 版　2019 年 5 月第 1 次印刷

规　　格 889×1194　16 开本　8.75 印张　280 千字

印　　数 1 ～ 10 000

定　　价 15.00 元

感　谢

所有供图者和提出编写意见者

目录 CONTENTS

学校概况 01

你想象不到的中国农业大学

GENERAL INTRODUCTION

学校简介

1905 1949 1952 1954 1960 1984 1985 1995

1905

中国农业大学作为教育部直属高校，是我国现代农业高等教育的起源地，其历史起自于1905年成立的京师大学堂农科大学。

1949

1949年9月，由北京大学农学院、清华大学农学院和华北大学农学院合并为北京农业大学。

1952

1952年10月，北京农业大学农业机械系与中央农业部机耕化农业专科学校、华北农业机械专科学校、平原省农学院合并成立北京农业机械化学院。

1954

北京农业大学于1954年被国务院列为全国6所重点院校之一。

1960

北京农业机械化学院于1960年被列为全国重点大学之一。

1984

北京农业大学于1984年被列为全国重点建设的10所高等院校之一。

1985

1985年10月更名为北京农业工程大学。

1995

1995年9月，北京农业大学与北京农业工程大学合并成立中国农业大学，江泽民同志亲自题写校名。

1995

学校于1995年进入首批“211工程”建设行列。

2003

2003年5月4日，国务院总理温家宝视察中国农业大学，发表了重要讲话。

2004

于2004年被确定为“985工程”重点建设的高水平研究型大学。

2005

2005年10月13日，全国人大常委会委员长吴邦国视察中国农业大学，祝贺农大建校百年，鼓励学校再创辉煌。

2009

2009年5月2日，中共中央总书记、国家主席胡锦涛视察中国农业大学，与师生代表亲切座谈，对青年学生提出了殷切期望，对学校提出了“加快建设世界一流农业大学步伐”的要求。

2010

2010年5月2日，胡锦涛总书记给中国农业大学师生回信，鼓励全校师生为发展现代农业做出更大贡献。

2012

2012年9月15日，时任国家副主席习近平同志来校参加全国科普日北京主场活动，在视察学校时要求学校教书育人和党的建设“两手抓两促进两不耽误”“真正建成有中国特色的、具有农业特色的一流大学”，为学校发展进一步指明了方向，极大激发了全校师生的责任感和使命感。

2017

2017年入选一流大学建设高校（A类）。

2003 2004 2005 2009 2010 2012 2017

19个
学院

1738人
专任教师

97个
博士学位授权点

中国农业大学作为教育部直属高校，是我国现代农业高等教育的起源地，其历史起自于 1905 年成立的京师大学堂农科大学。现任党委书记姜沛民，校长孙其信。

历经百年的世纪风雨，中国农业大学已经发展成为一所以农学、生命科学、农业工程和食品科学为特色和优势的研究型大学，形成了特色鲜明、优势互补的农业与生命科学、资源与环境科学、信息与计算机科学、农业工程与自动化科学、经济管理与社会科学等学科群。学校共设有 19 个学院，涉及农学、工学、理学、经济学、管理学、法学、文学、医学、哲学等 9 大学科门类；设有本科生院、研究生院、继续教育学院和体育与艺术教学部。在第四轮一级学科水平评估中，6 个一级学科获评 A+，获评 A+ 的学科数量在全国高校中排名第 6 位；拥有 3 个国家级重点实验室、1 个国家工程实验室、2 个国家工程技术研究中心、1 个国家级国际联合研究中心、86 个省部级重点实验室（中心、基地）；1 个国家野外科学观测研究站、6 个部级野外科学观测实验站。

中国农业大学拥有一支实力雄厚、结构合理的师资队伍。现有专任教师 1738 人，其中教授（含研究员）635 人、副教授（含副研究员）862 人。研究生导师 1406 人，其中博士生导师 904 人。学校有中国科学院院士 5 人、中国工程院院士 7 人，“千人计划”人才（含青年项目）17 人，“长江学者奖励计划”特聘教授（含青年项目）34 人，“国家杰出青年科学基金”获得者 45 人，国家“973 计划”项目首席科学家 15 人，“百千万人才工程”国家级人选 27 人，教育部“新世纪优秀人才支持计划”人选 143 人，享受政府特殊津贴专家 82 人。聘请了包括诺贝尔生理或医学奖获得者、“DNA 之父”詹姆斯·沃森（James Watson）和我国杰出的农业科学家、杂交水稻之父袁隆平院士在内的一批国内外著名学者担任名誉教授。

中国农业大学具备培养学士、硕士、博士的完整教育体系。学校拥有 15 个博士后流动站、20 个博士学位授权一级学科、97 个博士学位授权点；30 个硕士学位授权一级学科、149 个硕士学位授权点、9 种专业学位类型，28 个专业学位领域；

66 个本科专业，其中生物学、化学 2 个学科被列入“国家理科基础学科研究和教育人才培养基地”。全日制本科生 11838 名，全日制研究生 8181 名，其中全日制硕士研究生 4654 名，全日制博士研究生 3527 名；在站博士后研究人员 234 名。

中国农业大学坚持“德才兼备、全面发展、通专平衡、追求卓越”的人才培养理念，培养德智体美劳全面发展，具有宽厚的人文与自然科学基础、扎实的专业知识与实践技能、富有创新精神与能力的拔尖创新人才和行业领军人才。学校大力推进专业认证工作，牵头制定国家农学门类专业认证标准，成为涉农专业建设标准的制定者。农学专业率先通过国家农科专业（第三级）认证，植物保护、园艺 2 个专业率先通过中俄联合认证；农业水利工程、水利水电工程、车辆工程、电气工程及其自动化 4 个专业通过工程教育专业认证。学校拥有 3 名国家高层次人才特殊支持计划教学名师、2 名国家级教学名师和 36 名北京市教学名师、5 个国家级优秀教学团队和 10 个北京市优秀教学团队、14 个国家级特色专业和 2 个国家人才培养模式创新实验区。2018 年，学校本科毕业生 2778 人，硕士毕业生 1783 人，博士毕业生 690 人。

中国农业大学围绕人类的营养与健康，以国家农业科技重大需求和国际学术前沿为导向，开展高水平科学研究、社会服务和文化传承与创新。在生物与农业高技术领域的研究居国内领先水平。主持国家重点基础研究计划（“973 计划”）项目 22 项（含重大科学问题导向项目和重大科学研究计划项目各 1 项），有国家现代农业产业技术体系首席科学家 6 名。2001 年以来，获国家级科技奖励 89 项，获省部级科技奖励 542 项，获得授权专利 4662 件。

中国农业大学广泛开展国际交流与合作，努力扩大开放，加速国际化进程。学校与东欧、中亚、非洲、拉丁美洲、北美等 49 个国家和地区的 237 所大学、研究单位建立了友好合作关系。校内设有国际学院、中德综合农业发展中心、中荷奶业中心、中以国际农业培训中心等国际教育、科研与培训机构。学校与荷兰瓦赫宁根大学、美国加州大学戴维斯分校、康奈尔大学和巴西圣保罗大学合作建设“世界顶尖涉农大学（A5）联盟”，并在此机制下开展各项实质性合作。在加强与世界一流大学合作的同时，积极响应“一带一路”倡议，与“一带一路”沿线国家院校探讨农业科研与教育合作交流计划，成立了“‘一带一路’农业合作学院”和“中国南南农业合作学院”。学校十分重视培养本科生的国际视野和创新精神，与国外著名高校广泛开展本科生联合培养、交换生、短期交流和交换实习等各类本科生交流项目。

国富民殷、强农为本。“解民生之多艰，育天下之英才”，是我校百年不变的追求。数代农大人情系乡土，忧患苍生，为实现中国人千百年来的温饱和富庶之梦不遗余力，与祖国和人民保持着最紧密的血肉联系，形成了学校特有的勤勉持重、爱国忧民的精神传统和严谨求实、厚德博学的办学传统。今天的中国农业大学，以习近平新时代中国特色社会主义思想为指导，以培养“三农”人才，提升农业科技水平为己任，保持农业优势学科，发展多种新兴学科，同瞬息万变的世界紧密相连，与日新月异的科技同步发展，朝着建设中国特色、农业特色的世界一流大学目标阔步迈进。

学科建设

中国农业大学目前已经形成了特色鲜明、优势互补的农业与生命科学、资源与环境科学、信息与计算机科学、农业工程与自动化科学、经济管理与社会科学等学科群。这些学科群是学校本科教育的基础。

25个

我校在教育部第四轮一级学科评估中上榜的一级学科

9 个学科获评 A 级，居全国高校第 24 位；获评 A+ 的学科 6 个，在全国高校中列第 6 位；学科优秀率 27%，居全国高校第 19 位。此外，我校有 10 个学科被评为 B 级，6 个学科被评为 C 级。

A 级学科（世界一流建设学科）

农业工程 / 食品科学与工程
作物学 / 畜牧学 / 兽医学 / 草学
生物学 / 农业资源与环境 / 植物保护

B 级学科

生态学 / 水利工程 / 园艺学
农林经济管理 / 公共管理 / 社会学
机械工程 / 环境科学与工程
计算机科学与技术 / 工商管理

21个

我校在 2018 年 11 月发布的 2018 中国最好学科排名中上榜一级学科

包括 20 个博士学位授权一级学科和林学硕士学位授权二级学科，其中 4 个学科位列全国第 1，8 个学科进入前 5%，3 个学科位列全国 5%~10%，4 个学科位列全国 25%~50%。

全国第一学科

农业工程 / 作物学 / 畜牧学 / 兽医学

排名前 5% 学科

农业工程 / 作物学 / 畜牧学 / 兽医学
食品科学与工程 / 生物学
农业资源与环境 / 植物保护

排名 5%~10% 学科

水利工程 / 生态学 / 草学

10个

进入 ESI 全球前 1% 学科

据 ESI（Essential Science Indicators，基本科学指标）2019 年 3 月的统计数据，我校在农业科学、植物学与动物科学、生物学与生物化学、环境 / 生态学、化学、微生物学、工程学、分子生物学与遗传学、社会科学、药理学与毒理学等 10 个领域进入全球科研机构前 1%，所有学科论文总引用量进入了全球前 1%，其中农业科学总引用量进入全球前万分之一，植物学与动物学总引用量进入全球前千分之一。

3个

国家重点实验室

农业生物技术国家重点实验室
植物生理学与生物化学国家重点实验室
动物营养学国家重点实验室

第4名

2019 年度 US News 农业科学学科全球的排名

《美国新闻与世界报道》发布了 2019 年度 US News 全球最佳大学与学科排行榜。在学科排名中，我校共有 7 个学科上榜，其中农业科学学科列全球第 4 位。在综合排名中，我校列全球第 497 位，列亚洲第 74 位，列国内大学第 31 位。

第10名

2019 年度 QS 农学与林学学科全球的排名

2019 年 2 月，英国 Quacquarelli Symonds（简称 QS）发布了 2019 年世界大学学科排名，我校农学与林学学科首次进入世界前 10 名，较 2018 年上升 6 名，成为中国大陆高校进入前 10 名的 4 个学科之一。

我校农业科学 2018 年 5 月在全球进入 ESI 前 1% 的机构中排名第 8 名，2018 年 11 月首次进入 ESI 世界前万分之一。这些排名表明，我校在农业科学领域已跻身世界一流学科前列。

1个

国家工程实验室

畜禽育种国家工程实验室

2个

国家工程技术研究中心

国家饲料工程技术研究中心
国家果蔬加工工程技术研究中心

1个

国家级国际联合研究中心

生物质能科学与技术国际联合研究中心

1个

国家级野外科学观测研究站

河北沽源草地生态系统国家野外科学观测研究站

10个

教育部、农业部（现为农业农村部）、国家林业局（现为国家林业和草原局）联合发文的首批“卓越农林人才教育培养计划”改革试点项目，是获批专业数最多的学校

农学 / 动物科学
农业机械化及其自动化 / 植物保护
农业建筑与能源工程 / 动物医学
农业水利工程 / 农林经济管理
葡萄与葡萄酒工程 / 园艺

6个

国家大学生校外实践教育基地 - 教育部农科教合作人才培养基地

寿光大宗蔬菜农科教合作人才培养基地
昌平苹果农科教合作人才培养基地
豫东棉花农科教合作人才培养基地
三元奶牛农科教合作人才培养基地
青岛兔农科教合作人才培养基地
石家庄肉牛牦牛农科教合作人才培养基地

6个

部级野外科学观测实验站

农业部草地生态科学观测实验站
农业部桓台农业环境科学观测实验站
农业部武川农业环境科学观测实验站
农业部作物高效用水吴桥科学观测实验站
农业部河北北部耕地保育科学观测实验站
农业部作物高效用水武威科学观测实验站

14个

教育部高等学校特色专业

动物科学 / 动物医学
农业机械化及其自动化 / 化学
环境科学类 / 农业建筑环境与能源工程
食品质量与安全 / 农林经济管理
农村区域发展 / 电气工程及其自动化
车辆工程 / 电子信息工程 / 生物工程
种子科学与工程

3个

国家级实验教学示范中心

生命科学实验教学中心
食品科学与工程实验教学中心
机械与农业工程实验教学中心

6个

北京市级实验教学示范中心

生命科学实验教学中心
化学实验教学中心
植物生产类实验教学中心
食品科学与工程实验教学中心
水利与土木工程实验教学中心
动物医学实验教学中心

3个

国家级虚拟仿真实验教学中心

机械与农业工程虚拟仿真实验教学中心
食品科学与工程虚拟仿真实验教学中心
水利与土木工程虚拟仿真实验教学中心

2个

全国高校实践育人创新创业基地

涿州实践育人创新创业基地
曲周实践育人创新创业基地

5个

北京高等学校市级校外人才培养基地、校内创新实践基地

北京小汤山现代农业人才培养基地
传统糕点主食及肉食加工实习基地
作物健康大北农绿色农华人才培养基地
信息与电气工程创新实践基地
涉农工程类大学生创新实践基地

60%

本科生深造率

强大的学科实力为本科生提供了更多的深造机会，2018 年本科生深造率约 60%，其中出国深造的超过 17%。2019 年共推荐优秀应届本科毕业生免试攻读研究生 720 人，占毕业生总数的 25.51%。

FACULTY

名师荟萃

在校执教的“两院”院士

石元春 资源与环境学院教授

中国科学院院士、中国工程院院士、第三世界科学院院士，土壤学家

李季伦 生物学院教授

中国科学院院士，微生物学家

吴常信 动物科学技术学院教授

中国科学院院士，动物遗传育种学家

陈文新 生物学院教授

中国科学院院士，土壤微生物学家

武维华 生物学院教授

中国科学院院士，植物细胞生理及分子生物学家

汪懋华 信息与电气工程学院教授

中国工程院院士，农业工程 - 电子信息技术与自动化专家

戴景瑞 农学院教授

中国工程院院士，玉米遗传育种专家

康绍忠 水利与土木工程学院教授

中国工程院院士，农业水土工程专家

李德发 动物科学技术学院教授

中国工程院院士，动物营养与饲料科学专家

沈建忠 动物医学院教授

中国工程院院士，基础兽医学专家

张福锁 资源与环境学院教授

中国工程院院士，植物营养学专家

国家高等学校教学名师

刘庆昌 农学院教授
主持课程：普通遗传学

张　沅 动物科学技术学院教授
主持课程：动物育种学

国家高层次人才特殊支持计划教学名师

刘庆昌 农学院教授
主持课程：普通遗传学

周志强 理学院教授
主持课程：自然科学与素养、综合化学实验

彩万志 植物保护学院教授
主持课程：普通昆虫学

北京市高等学校教学名师

刘庆昌 农学院教授
主持课程：普通遗传学

陈耀星 动物医学院教授
主持课程：动物解剖学

李　伟 工学院教授
主持课程：机械制造工程学

杨汉春 动物医学院教授
主持课程：兽医免疫学

韩北忠 食品科学与营养工程学院教授
主持课程：发酵工程

朱士恩 动物科学技术学院教授
主持课程：家畜繁殖学

林德贵 动物医学院教授
主持课程：兽医外科学

臧日宏 经济管理学院教授
主持课程：微观经济学

张　昕 水利与土木工程学院教授
主持课程：水能建筑物

张淑敏 工学院教授
主持课程：机械设计

王建华 农学院教授
主讲课程，种子生产学

施正香 水利与土木工程学院教授
主讲课程：设施农业工程工艺

张　沅 动物科学技术学院教授
主持课程：动物育种学

彩万志 植物保护学院教授
主持课程：普通昆虫学

杨培岭 水利与土木工程学院教授
主持课程：工程项目管理

李保明 水利与土木工程学院教授
主持课程：设施农业工程工艺

刘国琴 生物学院教授
主持课程：生物化学

高启杰 人文与发展学院教授
主持课程：农业推广学

李秉龙 经济管理学院教授
主持课程：农业经济学

周志坚 理学院教授
主持课程：高等数学

李连芳 生物学院教授
主持课程：植物生物学

杜凤沛 理学院教授
主持课程：胶体与表面化学及实验等

蒋秀根 水利与土木工程学院教授
主持课程：钢筋混凝土结构

徐　扬 工学院教授
主讲课程：工程材料及成形技术

李晓林 资源与环境学院教授
主持课程：植物营养学

吴常信 动物科学技术学院教授
主持课程：动物遗传学

汪　矛 生物学院教授
主持课程：植物生物学

周志强 理学院教授
主持课程：化学综合实验

高丽红 园艺学院教授
主持课程：设施园艺学

夏国良 生物学院教授
主持课程：动物生理学

李　丽 信息与电气工程学院教授
主持课程：制图类课程

杨海莲 生物学院教授
主持课程：生物化学

谭　彧 工学院教授
主持课程：液压与气压传动

张　宾 工学院教授
主讲课程：机械制造工程学

李保云 农学院教授
主讲课程：作物育种学

何志巍 理学院教授
主讲课程：大学物理学

ENTERTAINMENTS AND RECREATIONS

文艺活动

校园文艺活动

每个热爱文艺和有一技之长的同学都有机会参加学校的各种文艺活动，同学们可以加入学校的艺术团。艺术团每年举办迎新暨教师节晚会、元旦晚会等大型晚会，高水平的演出已经形成了农大校园的一个文化品牌，深受广大师生的喜爱。为了满足学校师生对于艺术观赏的需求，艺术团每年开展校内专场（管乐团新年音乐会、弦乐团室内乐音乐会、舞蹈团 20 周年专场、戏剧团汇报表演等）演出，将高雅艺术气息散播到了校园每一个角落。此外，各学院都拥有自己的品牌文艺活动，同学们在属于自己的舞台上展示青春才华。

中国农业大学艺术团

中国农业大学艺术团共 8 个分团：合唱团、键盘队、管乐团、舞蹈团、民乐团、弦乐团、戏剧团和音乐剧团。艺术团秉承传播校园文化、弘扬农大风采的理念，活跃在校内外的艺术舞台。我校艺术团多次走出校园，在教育部举办的历届大学生艺术节活动中多次取得优异成绩。2018 年在北京市大学生音乐节中，合唱团、民乐团荣获 2 项金奖，弦乐团、管乐团荣获 3 项银奖。合唱团和管乐团相继被评为北京市大学生艺术团。反映学校独特办学精神与百年文化传承的《稼穑之歌》在北京市和各高校产生巨大影响。此外，我校艺术团在各类电视节目中展示出了高超的水准，从中宣部与教育部主办《五月的鲜花》栏目到央视 3 套《歌声与微笑》合唱大赛，从《舞蹈世界》到《“三农”人物进农大》，2017 年合唱团参加电视台“让世界看见你的声音” 节目，都留下了农大艺术团的身影，充分展现了学校独特的艺术特点和魅力。

艺术课程熏陶

艺术中心带领艺术团秉承传播校园文化、高雅艺术进课堂等理念，在艺术教育方面不遗余力。近年来在校园内开设了近 50 门艺术通识课程与实践课程，让每一位农大学子都能接受优质的艺术教育，同时每年举办文化艺术讲堂，着力营造良好的校园文化氛围。我校艺术中心研发的艺术教育云平台，让每一位学子在上课之余能随时随地感受艺术文化教育，走在了全国高校艺术教育的前列。

SPORTS

体育运动

校内体育赛事

我校以《中共中央 国务院关于加强青少年体育增强青少年体质的意见》和《教育部 国家体育总局 共青团中央关于开展全国亿万学生阳光体育运动的决定》精神为指导，依照健身性、群众性、教育性和娱乐性协调一致的原则，为提高全体学生的体质健康水平，实现培养高素质人才的目标，根据季节特点，有组织、有计划地积极开展了形式多样的“阳光体育运动”活动，体育赛事活动贯穿全年。

中国农业大学体育代表队

中国农业大学橄榄球队成立于 1990 年 12 月，是中国大陆第一支橄榄球队，多次代表中国参加重大国际比赛。2006 年以我校为主的中国国家男子橄榄球队获得亚运会橄榄球比赛第 3 名，实现了历史性突破；同年，以我校为主的中国国家女子橄榄球队也取得突破，获得亚洲锦标赛冠军。

自 2010 年之后，各省市相继成立了橄榄球队，我校师生注册各队，开启了在国内推广橄榄球运动的新路。

我校田径队是最早被教育部审批的高水平运动队之一，始终坚持“自主培养，严格管理”的优良传统。在北京高校顶级比赛中多人多次获得冠军，在全国大学生比赛中取得优异成绩。

我校足球队成立于 2003 年。经过多年的建设，已经成为中国高校的一支劲旅。在近 3 年的各项 11 人制赛事中，2 次获得北京赛区足球冠军，2 次夺得全国大学生足球联赛第 5 名。2017 年学校足球队获得“特步”中国大学生校园足球联赛超级组全国总决赛亚军。

体育课

学校不断优化教育理念，以“因材施教，分类教学，达标管理，四年一贯”为工作指导原则，做好体育教学工作，部分课程开始执行课内外一体化的俱乐部模式。注重学生体质健康水平的提升，合格率超过 95%。

选修体育俱乐部的学生可以自由选择锻炼时间、授课教师。不仅如此，学校还鼓励体育部教师和学生社团主办体育俱乐部，自主安排体育学习内容、学习时间，在经过认定后，参加各类竞技活动也可以计入体育课学分。

CAMPUS LIFE

校园生活

名家论坛

学校创办了以“睹名家风采，开阔视野；与大师对话，启迪人生”为主题的名家论坛，迄今已先后邀请200余位在科教、文化、艺术等方面的著名人物，如诺贝尔奖获得者詹姆斯•沃森、诺曼•布劳格，中国杂交水稻之父袁隆平，文学家王蒙、余秋雨，主持人白岩松、陈鲁豫，教育家俞敏洪、李开复等来校，开展主题讲学或论坛活动。这一大型论坛，已经成为学校文化活动中的品牌，大学生成长中的“必修课”，被搜狐网誉为“北京高校最有影响力的论坛之一”。

社团活动

学校重视学生社团的组织育人作用，积极促进各类社团规范健康发展。目前，我校注册有学生社团90个，包含思想政治类、学术科技类、创新创业类、文化体育类、志愿公益类、自律互助类等类型。通过开展春、秋两季社团文化节、社团年度盛典、社团发展论坛、十佳社团评选等活动，引导和支持各类社团不拘一格、尽展其才、彰显风采，对丰富校园文化、提升学生综合素质具有不可替代的作用。其中，学校峰云社的成员曾代表当代大学生成为奥运珠峰火炬手；农村发展研究会、挚友社曾被评为“全国优秀学生社团”；校滑雪社曾获得全国大学生滑雪挑战赛男女组第1名。

学校积极引导、支持学生社团开展活动

——

校园活动层出不穷，传承品牌不失创新发展

校园活动

校园文化活动层出不穷，传承品牌不失创新发展。“校庆农业嘉年华”“亮灯秀”“全国农林高校研究生学术论坛”展现学校特色农业文化积淀；“学生代表座谈会”“模拟提案大赛”引领校园民主建设浓郁氛围；“青春讲堂”“学术文化节”“辩论赛”营造沉静诚朴的学术气息；“五四晚会”“十

佳歌手大赛”“新生风采大赛”彰显青春激情；“厨艺大赛”“宿舍装饰大赛”构建和谐温馨家园。开展高雅艺术进校园和民族艺术进校园系列活动，秉承“引进来”与“走出去”相结合的原则，形成了一个校园文化艺术高地，定期组织学生走进国家大剧院、梅兰芳大剧院，还多次引进“国家大剧院歌剧电影赏析”“北京国际电影节优秀电影展映”“北京交响乐团农大专场音乐会”等活动。

社会实践活动

学校始终坚持理论教育与实践养成相结合，高度重视发挥实践育人环节在人才培养中的重要作用，除了以教学实践、专业实习为主要内容的实践教学外，在社会实践、志愿服务等方面先后创建了全国农科学子助力乡村振兴暑期社会实践、“百名博士老区行”“二里庄温馨家园”志愿助残、“with you”助残陪伴等品牌活动。其中，学校每年组织3000余名学生奔赴全国各地开展社会实践工作，为服务我国乡村振兴战略建言献策、增砖添瓦，在服务我国“三农”事业发展的过程中将自己的论文“写在祖国的大地上”，曾荣获“青年服务国家”首都大中专学生暑期社会实践先进单位和全国大中专学生志愿者暑期“三下乡”社会实践活动先进单位称号。积极推进志愿服务工作，将其融入新生入学教育，培养学生担当精神与奉献意识，积极组织学生参与奥运会、国庆60周年、园博会、世锦赛、北京半程马拉松、中非合作论坛北京峰会等大型赛会志愿服务，多次获得上级表彰，学校现有百余个志愿服务项目可供学生进行自主的菜单化选择，覆盖扶贫、济困、扶老、救孤、助残、助学等多个领域，学校“青春悦动·温馨家园”项目和“服务三农育英才·志愿人生第一课”项目分别在第三届和第四届中国青年志愿服务项目大赛中荣获银奖。

美丽校园

在中国农大生活学习的同学都感觉幸福指数非常高。坐落在北京市海淀区的两所老校园，校园景色宜人，被不少知名剧组选为拍摄基地。首届北京高校“美丽校园”推选展示活动评选中我校获“十佳美丽校园”称号；校长信箱更是农大学子的专属福利；学校根据宿舍资源情况统一安排学生住宿，住宿标准一般为本科生6人/间，硕士生4人/间，博士生2人/间，学生公寓内部设施齐全，学生拥有独立的桌椅、橱柜，每间宿舍都配有空调、电话线接口和网络端口；“农大美食甲天下”，校园里能种菜、酿酒、烤面包，出了名的公主楼餐厅被《法制晚报》评选为“北京最好吃的十大大学食堂”之首，饭菜价格适中，目前在校学生每月平均伙食费用在800～900元左右。

SCHOLARSHIPS AND SUBSIDY

奖助体系

中国农业大学高度重视学生资助工作，全力保障家庭经济困难学生顺利完成学业，并引导学生励志成才、追求卓越。

学校围绕“立德树人”根本任务，坚持“以人为本、需求导向”，构建了帮扶和支持学生成才发展的“四资助”体系：

经济资助 通过奖学金、助学贷款、助学金、勤工助学、困难补助、学费减免、补偿代偿等经济措施，奖优解困，应助尽助，解除学子后顾之忧。

学业资助 从受助学生的发展需求出发，从改善学习条件、加强学业指导和搭建发展平台入手，助力学生培养创新精神和实践能力，提高学业水平和综合素质，增强社会适应力。

就业资助 指导帮助受助学生合理规划职业生涯，加强个性化的创业就业帮扶，促进学生提高就业竞争力，在充分就业的基础上提高就业质量。

精神资助 开展形式多样的主题教育活动，引导受助学生培养自强自立、诚实守信、知恩感恩、勇于担当、互助共享的品质，促进养成健全人格。

学校以精准资助、资助育人为目标，全面落实保障型资助，履行了“不让一个学生因家庭经济困难而失学”的郑重承诺；同时，着力推进发展型资助，全面提升学生综合素质能力。

绿色通道 在入学报到期间设立“绿色通道”，保障新生顺利入学。因家庭经济困难不能在学校规定的时间内凑齐所应缴纳学杂费的学生，可向学校申请暂缓缴纳学杂费。2018 年学校为 286 名新生通过绿色通道办理入学手续，并发物资补助价值 44 万余元。

奖学金 学校面向本科生设立的奖学金包括综合奖学金、单项奖学金和专项奖学金 3 种类型，2017—2018 学年校、院共设立奖学金 70 项，获奖学生 6359 人次，奖励金额 1499.24 万元。

国家助学贷款 国家助学贷款分为校园地国家助学贷款和生源地信用助学贷款 2 种模式，家庭经济困难学生可以通过申请办理贷款，解决在校期间的学费和住宿费。学生在校期间，贷款利息由财政补贴，不需要学生本人负担利息。2018 年，我校共有 1478 人获得国家助学贷款 947.22 万元。

助学金 助学金分为国家助学金和社会助学金 2 种。2018—2019 学年，校、院共设助学金 30 项，累计为 2019 名学生发放助学金 959.80 万元。

勤工助学 勤工助学岗位分为固定岗和临时岗 2 类，工作时间一般不超过 8 小时 / 周和 40 小时 / 月。工资标准：固定岗位一般为 600 元 / 月，临时岗位一般为 18 元 / 小时。2018 年，校院两级共发放校内勤工助学工资 348.74 万元。

困难补助和减免学费 学校对遭遇家庭重大经济变故的学生给予临时困难补助，对于家庭极端困难的学生给予学费减免，并设有冬衣补助、返乡补助等专项补助。2018 年，我校减免学费与困难补助金额共计 118.81 万元。

发展型资助项目 学校依据学生发展需求，大力推进发展型资助，积极打造多种成才帮扶项目，帮助家庭经济困难学生享有更丰富的教育资源和发展路径。如“添翼工程”系列技能课程培训、“翱翔计划”发展支持项目、“爱 + 行动”公益实践项目、“文化之旅”项目、“飞跃计划”家庭经济困难大学生国际交流项目等。

EMPLOYMENT GUIDANCE

就业指导

“团结、朴实、求是、创新”是学校百年办学历程中形成的厚重校风，毕业生睿智、博学、务实、稳重的特质深受社会各界欢迎。近年来，学校先后被评选为“全国普通高校就业工作先进集体”“全国普通高等学校毕业生预征工作先进集体”“全国毕业生就业典型经验高校”“全国创新创业典型经验高校”“北京地区高校示范性就业中心”、首批“北京市示范性创业中心”；就业指导课被评为“北京地区高校职业发展与就业指导示范课程”。国富民殷、强农为本，学校以实现中国人千百年来的温饱和富庶之梦为己任，广育天下英才。

职业辅导

学校积极构建了“专业化教学”“多元化培训”以及“个性化咨询”的“三位一体”学生职业辅导体系，其中以“大学生职业生涯规划”“大学生创业基础”和“大学生求职技能”就业指导选修课为主渠道，以提高学生就业技能的系列培训，网上职业测评和网络学堂、就业实习以及丰富多彩的职业指导活动为第二课堂，开展就业指导，帮助学生树立正确的职业价值观。

校园招聘

学校长期与国家电网公司、中国中化集团公司、中粮集团有限公司、京东方科技集团股份有限公司、大北农集团以及各级各类科研院所、高等院校、新闻媒体等全国知名的企事业单位建立了密切的人才合作关系。2018 年学校举办各类校级招聘活动 200 余场，参加校园招聘的单位逾 5000 家；20 余省（自治区、直辖市）来校招录定向选调生，20 余地市来校引进英才。学校每年发布招聘信息超过 7000 条，提供招聘岗位数量 54000 余个，供需比达到 11:1，特别是国家“京津冀一体化”战略以及“一带一路”倡议等发展规划对我校人才需求旺盛。

就业去向

2018 年，学校共有本科毕业生 2748 人，就业率达 94.36%；其中，国内升学率达 40.39%，出国深造率达 17.39%（出国深造学生中 90% 以上的学生，到世界前 200 名高校深造）。研究生就业率达 96.62%。

教学特色 02

你想象不到的中国农业大学

INDIVIDUALIZED TEACHING

因材施教

学校坚持“德才兼备、全面发展、通专平衡、追求卓越”的人才培养理念，培养德智体美劳全面发展，具有宽厚的人文与自然科学基础、扎实的专业知识与实践技能、富有创新精神与能力的拔尖创新人才和行业领军人才。2016 年学校高标准制定并实施新的专业培养方案，2019 年进一步出台一流专业建设和一流人才培养系列政策，进一步深化教育教学改革，强化教学质量评估，强化核心课程体系建设，全面提升本科教育质量。特别是通过推进英语课、体育课和计算机类课程教学改革，实行更为灵活的选课政策；改革学业成绩计算方法，鼓励学生根据兴趣选课；强化学业辅导，响应学业困难学生的帮扶需求；构建鼓励学生自主创新创业的政策体系；加强人才培养国际化，形成多渠道、全方位的国际化教育机制等多项措施强化学生的个性化培养。

核心通识课开讲　一睹名师们的风采

为提高学生的综合素质，学校通过校内遴选和校外引进等方式，遴选出 45 门核心通识课，课程涵盖了人文素质、科学素养、宽广视野等方面，课程负责人由教学经验丰富、学术造诣深厚的校内外知名教师担任，我校部分院士也担任课程负责人，以满足学生多元化需求，一睹名师们的风采，使学生能真正学其所长，学其所爱。

自由开放的选课制　丰富个性的选课单

【英语课】取消分级教学模式，实行灵活选课政策

一改延续多年的“统一就餐”做法，针对不同学生进入大学时各不相同的英语基础，提供了包括听说、读写、人文素养、翻译 4 个模块共 25 门不同的英语课程，学生从琳琅满目的“菜肴”中选择更适合自己“口味”的课程，更好地满足学生的差异化学习的需求。

【计算机】取消硬性规定，实行自主选课

打破以往全校规定学生应选修的计算机类课程和学分数的传统，学校根据不同专业的需求，开设了 20 余门难度不等的计算机课程，供同学们选择。

【其他选修课】更加灵活的选修政策

新版培养方案中设置两类通识教育选修课程：核心通识选修课和普通公共选修课。两类课程选课时都只有学分总数要求，而不再有分类要求，学生完全可以由兴趣主导，“选自己想选，学自己所爱”，再也不用为了拿学分选“水课”啦。

除此之外，学校后续还会出台更个性化的选课政策。主要包括：鼓励学生跨校修读其他高水平大学优质课程；打通本科生与研究生选课，鼓励学生、特别是大四保研学生选修研究生课程；鼓励跨专业、跨学科、跨学院选课。通过一系列的改革，打造更自由、更灵活、更开放的本科生选课制度。

等级制成绩单与多元化 GPA 改革　促进学生依兴趣而学

本科生成绩单以学期为单元记载、以等级制显示，与国际接轨。同时，弱化学生对分数的过度追求，鼓励学生将学习重心放在知识体系的构建、能力素质的提高及创新思维的培养上。

通识教育课（含核心通识课和普通通识课）不纳入 GPA 计算。专业排名时，采用“必修课学分绩”和“全部课程学分绩”两类 GPA 综合评定学生学业表现。进一步鼓励学生依兴趣选课学习。

全面推进学业指导　助力学生个性发展

学校对学生学业发展高度重视，专门成立学业指导工作领导小组，下设学业指导中心，挂靠本科生院，开展学业咨询、讲座辅导、能力培养、朋辈互助等学业拓展类活动，为学生成长成才提供有效支持。组织专业教师团队开设“新生研讨课”，面向各专业的新生进行学科认知引导；打造优质咨询项目，涵盖学科发展、学业规划、国际交流、论文写作等专题，由知名教授、院长、书记、行政管理人员担任咨询师，为学生提供个性化指导服务，每学期完成一对一咨询 300 余人次，深受学生好评；引入课后答疑（Office Hour）制度，486 门核心课程任课教师每周在固定时间地点为学生答疑解惑、指导学业；定期开展专题活动，举办新生教育、转专业、双学位、国际交流、论文写作等讲座及咨询会，帮助学生合理规划学业；关注特殊学生群体，针对家庭经济困难学生实施“添翼工程”，提供英语讲座、技能培训和出国交流资助等；开展朋辈学业互助，推出“学客空间”“大北农国际交流预备营”等项目；利用校园网、新媒体、海报、指导手册以及座谈会、宣讲会等多种媒介开展立体化学业指导信息宣传，实现师生互动、家校互通、共促学业。

国家理科基地着力培养基础学科研究型人才

我校设有生物学和化学 2 个国家理科基础科学研究和教学人才培养基地。自基地建立以来，学校优化师资结构，改革课程体系，创造了一流的培养条件，学生基础厚、知识面宽、科研能力强。理科基地班 60% 左右毕业生通过推荐免试或参加考试继续攻读硕士学位。生物学理科基地拥有国家生命科学实验教学示范中心，化学理科基地拥有北京市实验教学示范中心。

理科试验班为专业拔尖人才因材施教

我校从 2003 年起开办生命科学试验班，2004 年开办信息科学试验班。在教学计划上，进一步加强基础，拓宽专业；聘请校内外优秀教师上课，部分课程聘请外籍教师授课；推荐免试研究生比例可达 70%，在推荐出国深造或联合培养等方面优先考虑。

MINOR PROGRAMS

双学位（辅修）专业

为培养具有较宽广的知识面、较强的社会适应能力的复合型人才，学校实行双学位（辅修）专业制度。目前学校招生的双学位专业有：工商管理（生物技术企业经营管理）、工商管理（创业方向）、金融学、英语、法学、传播学（新闻与影视传播）、数学与应用数学、计算机科学与技术、数据科学与大数据技术等 9 个双学位（辅修）专业，每年报名人数约 700 人。

申请资格

双学位（辅修）专业的申请对象为在校本科生，入选者能保证在校本部有至少 3 个学期的学习时间即可申请。申请修读双学位的学生一般应跨学科门类；申请修读辅修专业的学生，应跨专业类。双学位课程要求一般在 40 学分左右，辅修专业课程要求一般在 30 学分左右，实行学分制管理。

攻读双学位（辅修）专业流程

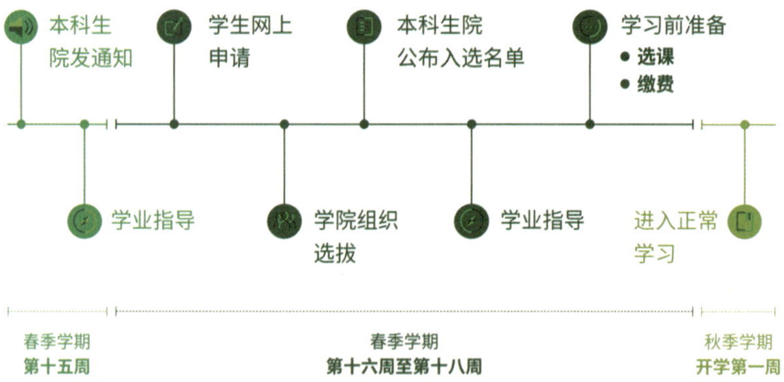

2018 年双学位各专业录取人数统计

举办学院	双学位（辅修）专业名称	2018 年录取人数 / 位
经济管理学院	金融学	123
经济管理学院	工商管理（生物技术企业经营管理）	22
经济管理学院	工商管理（创业方向）	23
人文与发展学院	英语	138
人文与发展学院	法学	75
人文与发展学院	传播学（新闻与影视传播）	51
理学院	数学与应用数学	60
信息与电气工程学院	计算机科学与技术	40
信息与电气工程学院	数据科学与大数据技术	119

MAJOR-TRANSFER PROGRAMS

转专业

为充分尊重学生的个性发展，使学生有更大的学习发展空间，让学生能“学其所爱、学其所长”，我校实行自由、宽松的转专业政策。转专业报名不设条件、允许多次、多个学院、多个专业申请。该政策已成为我校创新型人才培养的重要手段。

申请机制

除国家及学校相关政策规定不允许转专业的学生外，在校本科生自入学后第二个学期起可以提出转专业申请，转专业工作每学期开展一次，学生报名时允许填报 2 个志愿学院、4 个志愿专业。

转专业流程

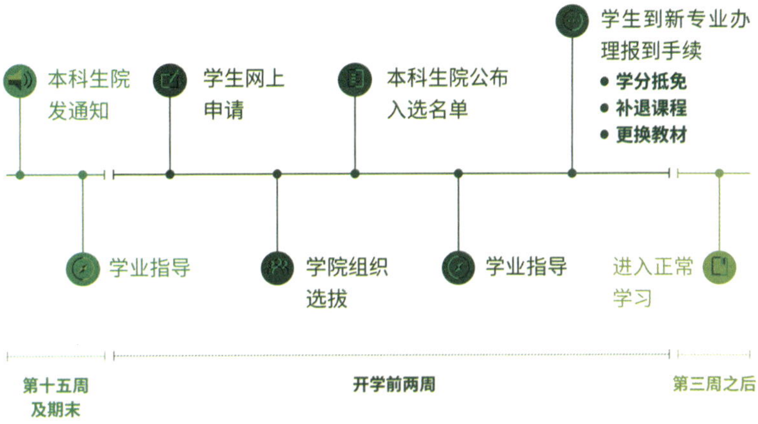

2014—2019 学年转专业人数统计

学 年	秋季学期			春季学期		
	申请/位	接收/位	成功率/%	申请/位	接收/位	成功率/%
2014—2015 学年	103	78	75.73	367	269	73.30
2015—2016 学年	113	88	77.88	402	273	67.91
2016—2017 学年	165	128	77.58	439	297	67.65
2017—2018 学年	178	146	82.02	416	324	77.88
2018—2019 学年	193	143	74.09	454	300	66.08

INTERNATIONAL SCHOOL

国际化教育

17%

出国深造率超过

中外合作办学项目

①中国农业大学与美国科罗拉多大学（丹佛）于 1994 年联合举办中外合作办学本科教育项目，是我国成立最早的合作办学项目之一，下设国际经济与贸易（经济学）、传播学 2 个专业。项目采用全英文教学模式（思政课除外），学生达到两校学位授予要求后，国际经济与贸易（经济学）专业学生可获得科罗拉多大学经济学文学学士学位证书，国家统招生还可获得中国农业大学国际经济与贸易专业毕业证书、经济学学士学位证书；传播学专业学生可获得科罗拉多大学传播学文学学士学位证书，国家统招生还可获得中国农业大学传播学专业毕业证书、文学学士学位证书。

② 2012 年我校与美国俄克拉荷马州立大学联合举办的农林经济管理（农业商务方向）专业中外合作办学项目获得教育部批准，2013 年开始招生，是我国首个该专业领域的高水平中外合作办学项目。采用全英文教学模式（思政课除外），学生达到两校的毕业要求后，两校将分别为其颁发中国农业大学农林经济管理专业毕业证书和管理学学士学位证书、俄克拉荷马州立大学农业科学与自然资源 (农业商务) 理学学士学位证书。

中外联合培养项目

2004 年以来我校与美国的康奈尔大学、马里兰大学、普度大学、科罗拉多州立大学、罗格斯大学、奥本大学、康涅狄格大学、加州大学戴维斯分校、俄克拉荷马州立大学，加拿大的滑铁卢大学、阿尔伯塔大学，英国的爱丁堡大学在学分互认的前提下，联合培养本科生。入选者在我校完成 2 ～ 3 年的学习后，进入对方学校继续学习，修满规定的学分且成绩符合要求的，可同时申请我校和国外大学的学位。目前已派出 596 名学生到以上各所学校就读。

交换生项目

我校与美国马里兰大学、俄克拉荷马州立大学、加州大学戴维斯分校，加拿大阿尔伯塔大学，新西兰梅西大学、林肯大学，日本新潟大学等学校签订了合作协议，每年选派二、三年级本科生到合作学校进行 1 学期的交换学习。

暑期项目

学生利用暑假赴国（境）外合作学校或机构进行 3 个月以下交流实习，开展文化交流、专业实习、调查研究、科研训练等内容。部分项目可获得我校学分。目前我校与日本东京农业大学、加拿大阿尔伯塔大学、美国加州大学戴维斯分校、美国奥本大学等学校开展暑期交流项目。

国家公派研究生项目

应届本科毕业生可以申请国家留学基金委的国家建设高水平大学公派研究生项目（攻读博士学位），也可申请其他国外合作项目或中外互换奖学金项目（攻读硕士或博士学位）。成功申请国家公派研究生的应届毕业生，可获得国家留学基金资助，并在本科毕业之后派出。

本科生国际化培养提升项目

2019 年，我校启动实施“本科生国际化培养提升项目”，旨在加快学校“双一流”建设，培养具有国际化视野、高素质创新力、全球竞争力和世界农业发展领导力的一流人才。学生参加不超过 12 个月的交换生项目、暑期项目、国际竞赛或国际会议等，可以申请资助，每名学生可获得不超过 8000 元的资助金额。

INNOVATIVE AND ENTREPRENEURSHIP EDUCATION SYSTEM

创新创业教育

大学生创新创业项目

我校大力推行创新创业教育，将创新创业教育融入学生培养全过程。自 2007 年国家级大学生创新创业训练计划项目启动以来，学校不断加大投入，完善以导师制为龙头的项目化训练模式，有力地强化并打通已有的国家、北京市、学校三级学生创新创业项目体系，为广大学生搭建了更为完善的创新创业能力培养平台。近 5 年，大学生创新创业项目累计立项 4436 项，参与学生 10544 人次，目前每届学生参与创新创业项目覆盖率达到 85%，成果产出率达到 50% 以上。

工商管理（创业方向）双学位

为加快推动培养创新创业合格专门人才，学校了开办工商管理专业 (创业方向) 双学位班，该班每年面向全校本科生进行选拔招生，实行弹性学制。学生将通过创业知识、创业技能和创业实践三大类课程的学习，掌握创业领域必要的专业知识，学习企业家精神和领导力，识别和把握商业机遇，成为自主创业和综合管理兼备的高级复合型人才。

创新创业学分

我校已在人才培养方案中设置创新创业学分，以挖掘学生创新创业潜力，烘托校园创新创业文化氛围。学生可通过参加各级大学生创新创业项目、学科竞赛、发表论文及其他科技成果等方式取得创新创业学分。

学科竞赛

近年来，学校每年都有近千名本科生参与各级各类共计逾 50 项竞赛，竞赛类别几乎覆盖了所有专业，学校为多项竞赛配备了指导教师并组织赛前辅导。参赛过程中，同学们在利用课堂上学到的知识去完成试题、论文或作品的同时，又使自身的创新思维得到开发 , 实践能力得到了锻炼，团队协作精神也获得了培养。近 5 年，学校本科生共获得省部级及以上竞赛奖项 1991 项，其中包括“挑战杯”全国大学生课外学术科技作品竞赛一等奖、“创青春”首都大学生创业大赛银奖、“互联网 +”创新创业大赛全国铜奖、全国大学生机械创新设计大赛一等奖、全国大学生数学建模与计算机应用竞赛一等奖、全国大学生水利创新设计大赛一等奖、全国大学生嵌入式设计大赛一等奖、溢达创意大赛全国特等奖等多项奖励。

科技创新创业活动

学校每年举办大学生双创成果展和创新创业嘉年华，经常性举办科技讲座和创业沙龙，包括大学生科技协会、创业联合协会举办的“路边天文夜”“多米诺骨牌大赛”“创业高峰论坛”等丰富多彩的学生活动，深受同学喜爱。制定《大学生创新创业成果奖励办法》和《创新创业奖学金评选方案》，积极引导和鼓励大学生开展课外学术科技活动，全面促进学生创新和创业能力的培养。

学院介绍 03

你想象不到的中国农业大学

HONORS PROGRAM

理科试验班

理念与目标

中国农业大学是一所致力于为国家发展未来培养高级创新型科技人才的研究型大学。学校不仅要为学生提供厚实的基础教育，而且要创造各种条件培养学生对科学的兴趣，培养学生的创新能力。

基于这种理念，试验班着眼于未来社会发展对人才质量和人才规格的需求，按照“低年级主要进行通识教育和基础教育，以扩大学生知识面和调动学习兴趣为主要目的；高年级在自由选择专业方向的基础上，进行宽口径的专业教育，以培养创新意识和科研能力为主要目的”的基本思路，造就基础知识宽厚、创新意识强烈、学习与研究方法先进、人文修养高、自学能力和动手能力强的高素质人才，为他们在完成本科教育后能继续深造进而成长为具有国际竞争力的优秀人才奠定坚实的基础。

理科试验班分为生命科学和信息科学两个方向，分别挂靠在生物学院和信息与电气工程学院。

实施方案

在培养模式上，实施在导师指导下的自主选专业、自主选择学习进程、自主选课的学分制教育管理模式，实施导师制和弹性学习年限。

在基础教育阶段，学生修读基础平台课程，主要强化数、理、化、外语、计算机等课程，配备优秀师资，单独授课。

在专业学习阶段，学生可根据自己的兴趣与特点自主选择专业。学生根据自己的意愿自由选择进入各学院相关专业学习；进入不同专业学习的学生，直接修读所选专业培养方案规定的课程。

理科试验班（生命科学）学生在第二学年进行专业分流，理科试验班（信息科学）学生在第三学年进行专业分流，按照专业要求自主选课，插入普通班学习。

教学组织与管理

教学与考核方式

理科试验班的基础段课程由学校聘请校内外优秀教师和知名教授授课，英语听说课程由外籍教师讲授。采取讨论式、启发式、交互式等灵活多样的教学方式，部分课程使用英语授课；采用开卷、口试、论文等多种形式进行考核。

淘汰机制

试验班实行严格的淘汰机制，成绩较差或违反学校规章制度受到纪律处分的学生应转出理科试验班，到其他专业继续学习；其他专业符合试验班转专业要求的学生，也可申请转入试验班学习。

深造就业情况

毕业生推荐免试攻读硕士学位研究生比例最高可达 70%，也可考取硕士学位研究生，在推荐出国联合培养或深造等方面将优先考虑；部分同学获得全额奖学金赴国外知名大学深造；其余就业的同学也找到了理想的工作。

2018 届理科试验班（生命科学）本科生毕业去向

2018 届理科试验班（信息科学）本科生毕业去向

COLLEGE OF AGRONOMY AND BIOTECHNOLOGY

农学院

中国农业大学农学院下设作物生态与农作学、作物生理与栽培学、植物遗传育种与种子科学、作物基因组与生物信息学 4 个系和 1 个实验教学中心，另设区域农业发展、作物生理与栽培、作物化控、生物质工程、玉米、小麦、水稻、特用作物及种子科学与技术 9 个研究中心。

学院现有 2 个本科专业、7 个硕士学位授权点、5 个博士学位授权点，1984 年被批准为国家首批博士点学科，1987 年首批博士后流动站，1996 年成为第一批国家“211 工程”重点建设学科，2004 年成为国家“985 工程”建设平台的核心学科，2017 年成为国家“双一流”建设学科。在 2006 年和 2012 年全国一级学科评估中，作物学均被评为第 1 名，2017 年被评为 A+ 学科。2016 年，农学专业通过了教育部普通高等学校本科专业认证（第三级），为全国首个通过三级认证的农科类专业。学院是教育部 2018—2022 年教育部高等学校植物生产类教学指导委员会及种子科学与工程教学指导分委会主任委员单位。

学院拥有强大的师资队伍和雄厚的科研力量，现有教授 46 人、副教授及副研究员 39 人，其中，中国工程院院士 1 人、“长江学者奖励计划”特聘教授 3 人、国家级教学名师 1 人、国家杰出青年科学基金获得者 10 人、“973 计划”项目首席科学家 2 人、国家重点研发计划首席科学家 5 人、“万人计划”教学名师 1 人、“万人计划”科技创新领军人才 3 名、青年千人计划 4 人、教育部新（跨）世纪人才 10 人。拥有 1 个国家级教学团队、2 门国家级精品课程、2 门国家级精品资源共享课。2007 年，被国家批准建设“植物生产类复合型拔尖创新人才培养模式创新实验区”。拥有功能齐全、设备先进的国家玉米改良中心、国家能源非粮生物质原料研发中心等 10 个国家及省部级重点实验室（工程中心）。在北京、河北、山东、海南等地建有试验农场，与 10 余个科研院所和企事业单位共建学生实习基地。

2019 年学院招生 2 个专业：农学、种子科学与工程。

学生入学后，一、二年级实施统一的基础教学，从三年级进行专业学习。为培养面向未来的农业领导人才，2016 年开始，学院创设了“中国种业菁英班”和“中国乡村振兴青年菁英班”。

电话 18610566817
邮箱 wumin801@cau.edu.cn
网址 cab.cau.edu.cn

本科专业
核心课程一览

相同核心课程

生物化学 / 植物生理学 / 遗传学 / 植物生物技术导论
试验设计与生物统计 / 植物田间技术 / 农业生态学
作物育种学

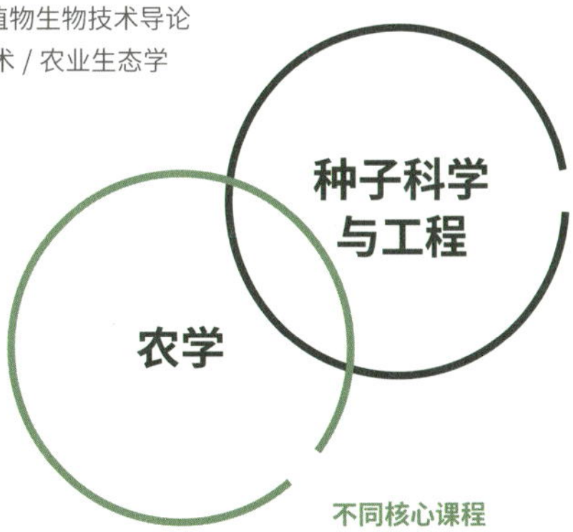

不同核心课程（种子科学与工程）

种子生物学 / 种子生产学
种子加工与贮藏学 / 种子检验学

不同核心课程（农学）

土壤学 / 作物栽培学 / 耕作学
作物基因组学 / 农学专业实验技术

农学

培养目标

本专业是我校传统的优势特色专业，也是新的农业科技革命的先锋专业，已有 110 余年的发展历史，培养了大批优秀的高级人才。本专业紧紧围绕国家农业重大需求和作物学科发展前沿，培养德智体美劳全面发展，具有深厚的人文底蕴与自然科学基础、扎实的专业知识和实践能力以及国际视野，能够将现代生物技术、信息技术与传统农业科学相结合，胜任现代农业、农业生物技术及其相关领域的教学科研、经营管理、技术推广服务等工作，成为富有创新精神与能力的行业领军人才。

专业优势

专业所依托的作物学科是“双一流”A+ 学科，全国首个通过三级认证的农科类专业。“顶天立地”是本专业最大的特点。“顶天”即致力于作物科学的前沿研究，“立地”即紧紧围绕国家现代农业可持续发展和粮食安全的重大需求进行新品种、新技术研发和推广应用。与其他农业院校不同的是，我院更注重宽厚基础教育及国际化视野，立足培养富有创新精神与能力的农业行业领军人才。

未来发展

本专业每年有超过 60% 的应届毕业生考取国内知名大学和科学院研究生或到国外知名大学留学深造。学生毕业后可到国家机关、高等院校、科研院所、农业技术推广部门、企业等单位从事科研、教学、推广和管理等工作。

就业单位

农业部、人力资源和社会保障部、中粮集团有限公司、先正达、中化集团中国种子集团公司、北京市农业技术推广站、深圳华大基因研究院等。

2018 届本科生毕业去向

种子科学与工程

培养目标

中国农业大学于 2002 年创建国内第一个种子科学与工程专业，2010 年被评为教育部特色专业。本专业紧紧围绕国家农业和现代种业发展的重大需求，培养德智体美劳全面发展，具有深厚的人文底蕴与自然科学基础、扎实的专业知识、实践能力及国际视野，能够将现代生物技术、信息技术与传统农业科学相结合，适应市场经济要求，胜任现代种业及相关领域的教学科研、技术推广与服务、经营管理等工作，成为富有创新精神与能力的种业领军人才。

专业优势

全国首个设立的种子科学与工程专业，专业所依托的作物学科是“双一流”A+ 学科。本专业特点是紧紧围绕国家现代种业的重大需求进行种子科学前沿研究和新技术研发与推广应用。与其他农业院校不同的特点是，更注重宽厚基础教育及国际化视野，立足培养富有创新精神与能力的种业领军人才。

未来发展

本专业每年有超过 60% 的应届毕业生考取国内知名大学和科学院研究生或到国外知名大学留学深造。学生毕业后可到各级种子公司、种子管理站、农业公司和国家农业管理部门从事科研、教学、技术服务、推广和管理等工作。

就业单位

中化集团中国种子集团公司、先正达、隆平高科种业有限公司、中粮集团有限公司等。

2018 届本科生毕业去向

COLLEGE OF HORTICULTURE

园艺学院

园艺学院下设果树学系，蔬菜学系和观赏园艺与园林系、覆盖园艺和园林等 2 个本科专业；拥有园艺一级学科（含果树学、蔬菜学、观赏园艺学 3 个二级学科）硕士、博士学位授权点及风景园林硕士学位授予权。

其中，果树学为国家级重点学科，蔬菜学和观赏园艺学为北京市重点学科，园艺学为北京市重点一级学科。园艺学科在历届教育部组织的全国学科评估中名列前茅。

学院拥有强大的师资队伍和雄厚的科研力量，现有专职教师 64 人，其中教授 31 人、副教授 26 人；90% 以上的专职教师均有在国外学习和工作的经历。拥有国家“百千万人才工程”第一、二层次人才 1 名，国家优秀青年基金获得者 2 名，教育部“跨世纪 / 新世纪优秀人才支持计划”获得者 7 名，国家现代产业技术体系岗位科学家 4 名，北京市现代产业技术体系岗位科学家 6 名，北京市“科技新星”3 名国家级优秀教师 1 名，北京市教学名师 2 名；获批农业部创新团队 2 个。

建设有教育部和农业部首批农科教合作人才培养基地 2 个；国家级精品课程 1 门和北京市精品课程 2 门。与美国康奈尔大学、普度大学、奥本大学等建立了“2+2”等联合培养模式。拥有功能齐全、设备先进的省部级重点实验室（工程中心）5 个，年均科研经费 6000 余万元。

近年来，获国家和省部级科研奖励 10 余项。在京、冀、鲁、陕、宁、川、闽等地建立科技示范园及 8 个校级教授工作站，与 30 余家科研院所和企事业单位共建学生实习基地。

电话 010-62732464
邮箱 yanzhang@cau.edu.cn
网址 yyxy.cau.edu.cn

6000万
年均科研经费

本科专业
核心课程一览

分子生物学导论 / 园艺作物栽培学
园艺作物育种学 / 园艺商品学
园艺产品贮运学 / 设施园艺学
植物田间试验 / 植物生物技术导论
遗传学 / 普通植物病理学
普通昆虫学

园林

园艺

素描基础 / 水彩风景画 / 钢笔风景画 / 园林树木学
园林花卉学 / 园林景观生态学 / 园林艺术原理
园林设计 / 园林建筑设计 / 园林工程
城市园林绿地规划

园艺

培养目标

以国家和学科发展对园艺人才的需求为导向，以学生自主学习能力和综合素质为中心，以实践与创新能力为突破口，培养具有深厚的人文底蕴、扎实的基础理论和专业知识、具有较强实践能力与创新能力以及国际视野，精通园艺全产业链生产、经营和管理的行业领军人才。

专业优势

针对园艺产业发展的重大科学问题，注重基础理论和应用基础研究相结合，将国际前沿理论研究及我国园艺产业可持续发展的重大基础性研究作为核心。在园艺作物生物技术与种质创新、发育生理与品质调控、逆境生理与系统调控、设施园艺与高效栽培、园艺产品保鲜与采后技术等领域特色鲜明、优势突出。注重宽厚基础教育和国际化教育，培养具有国际化视野、具备优秀综合素质的创新性人才；注重理论联系实际，全面提高学生的创新和管理能力。

未来发展

本专业设有园艺学一级学科硕士和博士学位授权点，与美国康奈尔大学、普度大学、荷兰瓦赫宁根大学、德国马普研究所等有广泛的合作关系并联合培养研究生。每年有超过 60% 的学生考取研究生和出国深造。学生毕业后可到国家机关、高等院校、科研院所、农业技术推广部门、跨国公司等企事业单位从事管理、科研、教学和技术推广工作。

就业单位

50% 以上学生在瓦赫宁根大学、普度大学等国际知名大学及中国农业大学、中国科学院大学、北京大学、清华大学等国内著名学府进行深造。本科毕业学生在孟山都公司、中粮集团有限公司、北京花木公司等涉农企业就业。

2018 届本科生毕业去向

园林

培养目标

以学科与行业前沿发展为导向，培养具备园林规划与设计、环境艺术、园林植物与生态学等基本素质，可在机关事业单位、科研院所、规划设计院、园林企业从事园林绿化行业管理、园林绿地规划与设计、园林工程施工组织与管理、园林植物应用与研究等工作的高级复合型科学技术人才。

专业优势

1951 年，经高教部同意在我校试办全国唯一的造园专业（园林专业前身），首开我国园林专业办学之先河，多年来一直秉持严谨求真、内敛踏实的办学宗旨，学科综合实力处于全国同类学科前列。面向新型城镇化背景下园林行业的诸多挑战，依托我校的特殊地位和学科特色，在城乡景观规划设计、生态修复、公共艺术、乡村景观等领域特色鲜明、优势突出。突出精细化教学，注重专业理论知识的学习和规划设计实践的训练，培养具有国际化视野和优秀综合素质的人才。

未来发展

本科毕业生 50% 以上在宾夕法尼亚大学、伊利诺伊大学、罗德岛设计学院、京都大学、慕尼黑工业大学、谢菲尔德大学等国际知名学府，以及中国农业大学、清华大学、北京大学、同济大学等国内著名学府继续深造，进而成为科研院所、高等学校、规划设计机构的骨干人才。本科毕业后，也可根据所学专长和兴趣，成为行业管理者、规划设计师、工程师和研究者。

就业单位

中国城市建设研究院、北京市园林绿化局、美国 AECOM 设计集团、北京东方园林股份有限公司、北京城建集团等。

2018 届本科生毕业去向

COLLEGE OF PLANT PROTECTION

植物保护学院

中国农业大学植物保护学院源于清末京师大学堂农科大学，至今已有 110 余年的历史，是我国植物病理学和昆虫学的主要发祥地之一。

戴芳澜、俞大绂、刘崇乐、蔡邦华、林传光、裘维蕃、陆近仁、周明牂、沈其益、陆宝麟、曾士迈、郭予元、田波、谢联辉、康乐、朱有勇等多名院士和知名学者先后在本学科学习或任教，奠定了学科在国内植物保护学科的领军地位。

植物保护学院下设植物病理学系、昆虫学系 2 个系，覆盖植物保护 1 个本科专业，拥有植物病理学、农业昆虫与害虫防治、植物检疫与农业生态健康 3 个硕士和博士学位授权点，其中植物病理学、农业昆虫与害虫防治为国家级重点学科。2007 年我校植物保护学科被批准为国家一级重点学科，2017 年植物保护学科入选国家“双一流”建设学科点。2018 年植物保护本科专业通过中俄联合国际认证，开创了全国农科专业国际认证的先河。

学院拥有一支具有国际化视野与竞争力的教师队伍，现有教授 37 人、副教授 33 人，其中教育部“长江学者奖励计划”特聘教授 1 人，国家杰出青年科学基金获得者 3 人，国家基础研究发展计划（973 计划）首席科学家 1 人，万人计划国家级教学名师 1 人，北京市教学名师 1 人，科技部中青年科技创新领军人才 2 人，教育部新（跨）世纪优秀人才 9 人。他们在国际专业学会、中国昆虫学会、植物保护学会、北京昆虫学会等学术团体的各项学术活动中起着重要作用，与国内外有着广泛的交流与合作。

学院拥有农业部作物有害生物监测与绿色防控重点实验室、种子病害检验与防控北京市重点实验室和种苗健康北京市工程研究中心、1 个国家级优秀教学团队和 1 个北京市优秀教学团队。在北京、黑龙江、辽宁、河南、河北、山东、海南等地建有试验农场，与 8 个科研院所和企事业单位共建学生实习基地。

本学院 2019 年按植物保护 1 个专业招生。

电话 010-62733257
邮箱 zhibaocau@126.com
网址 cpp.cau.edu.cn

植物保护

培养目标

本专业是以植物学、动物学、微生物学、农业生态学、信息科学为基础，研究有害生物的发生发展规律并提出综合治理技术的学科，致力于培养具备从事教学、科研、生产、推广、管理、经营等工作能力的宽口径通用型领军人才。

植物保护为农业和生命科学领域的传统优势专业，随着生物、信息、仿生等高新技术在本专业的应用，为我国农业可持续发展、食品安全生产、植物检疫、农产品贸易等培养科技人才和提供技术保障。

专业优势

本专业历史悠久，沉积丰厚，是国内首批博士点。百余年来，植物保护学院瞄准国际前沿，重视传统学科与新兴学科的交叉与融合，注重高新技术在植物保护中的应用和具有自主知识产权的创新性研究，在我国重要粮食作物病害、园艺作物病害、糖料作物病害的监控和防治、病害的流行与预警、杀菌剂的抗药性治理、生物防治菌剂的研发与应用、害虫监测及预警现代化、害虫抗药性分子机制与治理、害虫综合治理体系、农田昆虫多样性的保护与利用及昆虫化学生态学等方面不断探索并取得了重要成果，并成为我国植物保护的教学和科研中心之一，成为植物与病原物互作组学研究、植物病虫害绿色控制策略和技术研究、作物重要害虫成灾机理与控制科技创新、优秀科学家聚集和人才培养的国家基地之一。

本专业具有本科、硕士、博士、博士后完整的人才培养体系，长期秉持科教结合、理实并重、立足中国、放眼世界的理念，全方位培养学生能力，百余年来培养了大批遍布华夏的学术骨干和业务领导，有的在国外大学或研究所任职并做出了重要贡献。每年招收硕士研究生 150 余人、博士生 60 余人。

植物病理学学科目前主要研究方向包括：植物病原物致病机理、植物抗病机理、病害生物学、植物病害防控原理及其应用、植物与病原物互作组学、杂草病理学等。农业昆虫与害虫生物防治学科目前主要研究方向包括：昆虫生态与害虫综合治理、昆虫生理与毒理学、昆虫遗传发育与基因组学、昆虫分类与进化、昆虫行为与害虫生物防治等。具有全国高校第一大模式昆虫标本馆，标本馆藏量达 280 万号，其中模式标本 11000 余号。

核心课程

生物化学、植物生理学、遗传学、微生物与植物病原学、普通植物病理学、普通昆虫学、植物生物技术导论、分子生物学导论、农业植物病理学、农业昆虫学、植物检疫学、植病研究技术、昆虫研究技术、农药学等。

未来发展

学院建立深造就业辅助网，及时了解掌握毕业生的就业意向，制定个性化指导方案。学院每年有一半以上的毕业生攻读研究生或出国深造，2018 年深造率达 68.75%。学生毕业后可从事中央、省、市级植保科研与推广机构的科研和管理、病虫害检测和防治、对外对内植物检疫等工作，并可担任科技园区、园林部门、大中型农场、林场、植物园、生物技术和农药公司的技术开发、推广、经营和管理工作。

就业单位

近 3 年，有代表性的深造高校包括：北京大学、清华大学、佛罗里达大学、瓦格宁根大学和京都大学等；有代表性的就业单位包括：全国农业技术推广服务中心、中国检验检疫科学研究院、省级海关、中粮集团有限公司、中国种子集团有限公司、南京农业大学、美国陶氏益农、德国拜耳、中国先正达、山东润丰等。

2018 届本科生毕业去向

COLLEGE OF BIOLOGICAL SCIENCES

生物学院

中国农业大学生物学院始建于1984年，是国内各大院校中最早设立的生物（生命科学）学院。学院现设有植物科学、动物学与动物生理学、微生物学与免疫学、生物化学与分子生物学 4 个系和 1 个教学中心。

学院拥有植物学、生物化学与分子生物学、微生物学 3 个国家级重点学科和 1 个北京市重点学科——动物学；设有农业生物技术国家重点实验室、植物生理学与生物化学国家重点实验室、农业部土壤微生物重点实验室和国家生命科学实验教学示范中心。

生物学院是我校“211 工程”及“985 工程”重点建设单位，部分科研设施已达到国际先进水平。2012 年教育部学位与研究生教育发展中心发布全国高校学科评估排名，我校生物学一级学科在 100 所重点高校中排名第 8。根据 2018 年 3 月统计，我校进入世界前 1% 的 11 个学科中，生物学院的“植物学与动物学、生物学与生物化学、微生物学、分子生物学与遗传学”基本全部囊括其中，且植物学与动物学学科领域已经进入世界前 1‰。2017 年 9 月教育部公布“双一流”建设高校，我校入选“双一流”建设高校，生物学科列入教育部批准的“双一流”建设学科。2017 年 12 月 28 日教育部学位与研究生教育发展中心发布全国第四轮学科评估结果，生物学评估结果为 A。

学院现有教职工 156 人，其中院士 3 人，“973”项目首席科学家 6 人，国家自然科学基金委员会优秀创新研究群体3个，“长江学者奖励计划”特聘教授（含青年项目）9 人、讲座教授 5 人，“千人计划”（含青年项目）7 人，国家杰出青年基金获得者 13 人，北京市教学名师 3 人，入选国家“百千万人才工程”3 人、优秀青年科学基金 8 人、教育部“新世纪人才”18 人、农业部现代农业产业技术体系岗位专家 3 人，北京高校优秀辅导员 2 人，北京高校优秀德育工作者 1 人。

电话 010-62733542
邮箱 cbs@cau.edu.cn
网址 cbs.cau.edu.cn

学院具备完整的本科生、硕士生、博士生及博士后人才培养体系，拥有生物学一级学科博士学位授予权，目前招收植物学、生理学、微生物学、遗传学、细胞生物学、生物化学与分子生物学、生物信息学等 7 个专业的硕士和博士研究生，并设有生物学博士后流动站。本科教学开设生物科学和生物技术 2 个专业，拥有生物学国家理科基础科学研究与教学人才培养基地、国家生物技术人才培养基地、国家生命科学实验教学示范中心和教育部农业生命科学人才培养模式创新实验区，全程保障生命科学创新型高素质人才的培养。

本科专业核心课程一览

相同核心课程

生物化学 / 植物学 / 动物学 / 微生物学
遗传学 / 细胞生物学 / 分子生物学
微生物生理学

不同核心课程（生物技术）

发酵工程
植物基因工程实验技术

不同核心课程（生物科学）

植物生理学 / 动物生理学
蛋白质化学实验技术

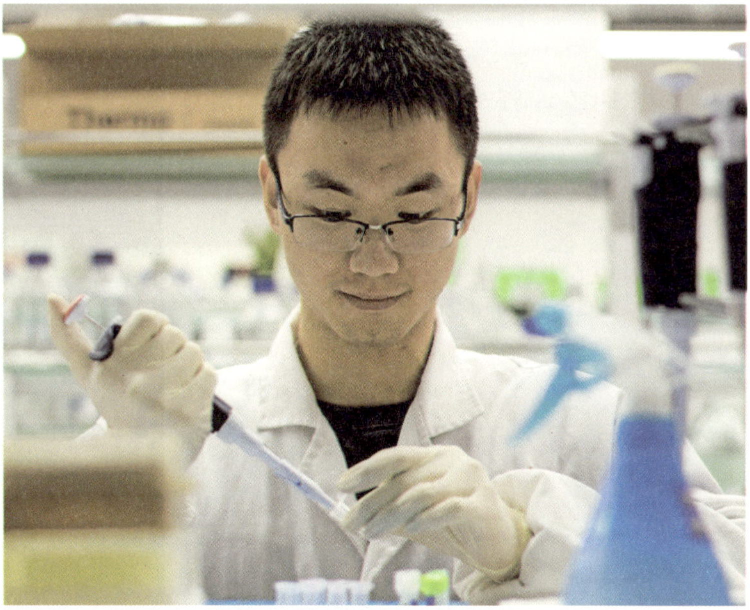

生物科学

培养目标

生物学院按照生物科学大类招生，按照“宽口径、厚基础、重创新、强科研、国际化”的原则，根据生命科学发展趋势，充分利用学科优势，适应国家社会经济发展和现代农业发展需求，培养思想道德端正、综合素质高、数理化基础知识扎实，系统掌握生命科学基础知识、基本理论和基本技能，具有国际视野和主动获取知识的能力，能够深入开展生命科学研究的创新型人才。

专业优势

中国农业大学生物学院是国家理科基础科学研究和教学人才培养基地。在科技迅猛发展的 21 世纪，生物科学正从分子、细胞、个体和群体等不同层次上，综合运用现代技术系统地研究生命的奥秘。作为自然科学研究的前沿领域，生物科学正成为发展最快、应用前景最广的学科之一，其研究成果为人类生活品质的提升乃至整个世界的发展与革新带来了深远影响。学院拥有雄厚的师资队伍和科研条件，所有研究学科均进入世界前 1%（ESI）。学院不同课题组先后在 *Cell*、*Nature*、*Science*、*Nature Genetics* 上发表完全自主创新的学术论文。

未来发展

学生毕业后可免试推荐、报考硕士研究生，或直接攻读博士学位（直博研究生）及出国深造。每年 75% ～ 80% 的本科毕业生在国内外攻读研究生，其中每年向中国科学院、北京生命科学研究所、北京大学和清华大学等国内知名研究机构、高校推荐免试研究生比例约 40%，赴美国、英国、德国、法国、澳大利亚、荷兰、日本、加拿大等国家深造比例约 20%。

2018 届本科生毕业去向

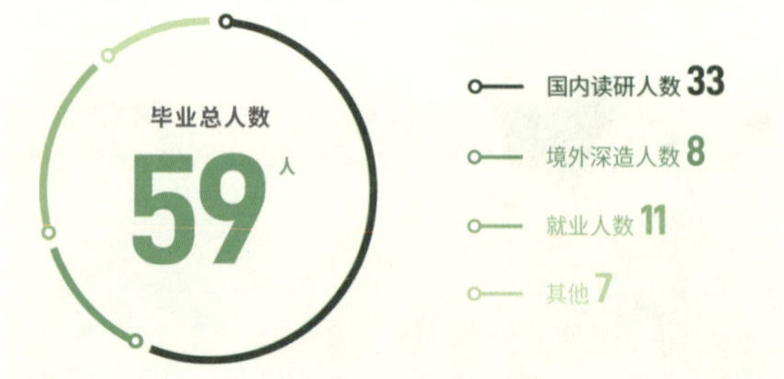

就业单位

学生毕业后可到高等院校、科研单位从事教学或研究工作，也可进入企业从事应用研究、高新技术开发以及管理等工作。近 3 年有代表性的就业单位包括：北京市质量检验检疫局、北京科兴生物技术有限公司和北京博奥生物技术有限公司等。

生物技术

培养目标

生物技术专业根据生命科学与生物技术发展趋势，充分利用学院优势力量，适应国家社会经济发展和现代农业发展需求，培养思想道德端正、综合素质高、数理化基础知识比较扎实，热爱生物技术专业，能够综合运用现代生物科学和生物技术专业知识与技能，在生物相关行业从事科学研究、技术推广及应用的创新型及复合应用型人才。

专业优势

在科技迅猛发展的 21 世纪，生物科学代表着自然科学的前沿，正在成为发展最快、应用潜力最大、竞争最激烈的领域之一。生物技术产业作为直接影响人类生存和生活质量的产业，是在未来 20 年内影响世界经济发展的支柱性产业。因此，生物科学和生物技术的发展将推动我国国民经济的发展和社会生产力的发展。学院拥有雄厚的师资队伍和科研条件，目前在优质、高产、抗虫、抗逆转基因玉米、棉花、小麦等农作物选育和干细胞应用研究、体细胞克隆动物技术等方面的工作取得了重要成果。学科整体实力处于国内领先水平。

未来发展

学生毕业后可免试推荐、报考硕士研究生，或直接攻读博士学位（直博研究生）及出国深造。每年约 70% 左右的本科毕业生在国内外攻读研究生，其中每年向中国科学院、北京生命科学研究所、北京大学和清华大学等国内知名研究机构、高校推荐免试研究生比例约 30%，赴美国、英国、德国、法国、澳大利亚、荷兰、日本、加拿大等国家深造比例约 20%。

就业单位

学生毕业后可进入企业从事企业管理、高新技术开发等工作，也可到高等院校、科研单位从事教学或研究工作。近 3 年有代表性的就业单位包括：麦肯锡国际投资咨询有限公司、中美冠科生物技术有限公司和辉瑞（中国）有限公司等。

2018 届本科生毕业去向

COLLEGE OF RESOURCES AND ENVIRONMENTAL SCIENCES

资源与环境学院

资源与环境学院下设 5 个系：土壤与水科学系、植物营养系、生态科学与工程系、农业气象系、环境科学与工程系。学院现有教职工 140 人，其中院士 2 人、“长江学者奖励计划”特聘教授 2 人、国家杰出青年基金获得者 4 人、新（跨）世纪人才 22 人、国家“青年千人”2 人；教授 59 人、副教授 58 人、高级实验师 3 人、讲师 6 人。

在校本科生 561 人、研究生 864 人。 学院设有 2 个博士后流动站；6 个博士学位授权点：土壤学、植物营养学、生态学、环境工程、环境科学、农业气象学；10 个硕士学位授权点。

学院有国家重点学科 2 个、省部级重点学科 2 个、教育部重点实验室 1 个、农业部重点实验室 1 个、北京市重点实验室 2 个，是国家“211 工程”和“985 工程”重点建设的资源环境学科群和国家“双一流”重点建设学科。还设有国家级环境质量影响评价中心、有机食品论证中心、绿色环境中心、新洋丰 - 农大研发中心等，在全国有 6 个试（实）验站（区），其中 2 个为农业部野外科学观测试验站。学院主持多项国家重点研发计划、“973 计划”、科技攻关计划、公益性行业专项、自然科学基金重大和重点项目及国际合作项目，多次主办或协办大型国际学术会议。

本学院 2019 年按环境科学与工程类招生，包括资源环境科学、应用气象学、生态学、环境工程 4 个专业。大类招生的专业前期实施统一的基础教学，从二年级开始，学生可根据本人意愿、专业兴趣、深造方向、就业意向及各专业教学资源和接纳容量等情况选择其中一个专业学习。

电话 010-62733073
邮箱 zihuanyb@cau.edu.cn
网址 zihuan.cau.edu.cn

资源环境科学

培养目标

本专业培养方案的特色是：厚基础、宽专业、强技能。培养学生掌握资源环境科学的基础理论知识和基本技能，熟悉我国的水土资源、养分资源、生物资源与环境质量状况等基本国情；能够进行资源与环境质量的定性分析与定量评价；掌握提高水分、养分、生物等资源利用效率的理论、技术与方法；学会利用生物技术和信息技术进行资源高效利用、环境保护及退化防治等领域的管理与决策。

专业优势

资源环境科学专业针对我国乃至全球水土资源、养分资源、生物资源与环境质量等存在的重大理论与实践问题，开展资源环境科学前沿性研究与教学。本专业是我校实力雄厚的骨干专业，所属的土壤学和植物营养学是国家级重点学科，是首批国家“211 工程”重点建设的资源环境学科群，也是国家“985 工程”重点建设平台。在教育部第四轮一级学科评估中，农业资源与环境学科被评为 A 级学科。近年来，6 次在 *Nature/Science* 期刊发表“立地顶天”的重大成果，居全国之首。

核心课程

土壤学、植物营养学、土壤地理与调查、土壤 - 植物 - 环境分析、养分资源管理、水资源利用与管理、资源环境系统分析、试验设计与数据分析、资源环境信息技术、资源环境科学进展和资源环境野外大实习等。

未来发展

本学科设有土壤学、植物营养学、土地利用与信息技术、农业资源利用等硕士和博士学位授予点，每年读研和出国深造比例在 70% 以上。学生毕业后可在高等院校和科研院所从事教学和科研工作，可在各级农业、环境、资源和生态等行政和企事业单位从事管理和技术推广工作，也可在肥料、灌溉、环保和绿色食品等行业领域从事相关技术工作。近几年本专业平均一次就业率均在 95% 以上。

就业单位

代表性单位有：农业农村部技术推广中心、各级农业技术部门、中农集团控股股份有限公司、新疆生产建设兵团发展和改革委员会、山西省水利水电工程建设监理公司、中共凉山州委组织部、深圳市恒生科技有限公司、安诺优达基因科技北京有限公司等。

2019 届本科生毕业去向

环境工程

培养目标

随着社会经济的不断发展，环境问题逐渐显现在人们的日常生活中。环境工程专业旨在揭示由于人类不合理的生产和生活活动过程使环境产生变异的规律，研究改善这些变化的工艺、技术和工程措施，发展循环经济，保障社会的可持续发展。针对国家和社会的需要，本专业培养具有水和废水、固体废物处理与资源化、大气污染控制、农业生态环境污染防治方面的基础理论知识和专门技能，能够胜任污染防治、环境监测、环境影响评价、环境管理、工程设计和规划的高级工程技术人才。

专业优势

本校的环境工程专业立足于中国农业大学农学、地学和生物学的优势平台，关注国内外环境科学研究前沿，依托环境科学与工程一级学科、国家甲级资质环境影响评价中心和农田土壤污染控与修复北京市重点实验室等优势科技资源，培养具有农业环境保护与治理、农业清洁生产、环境管理等理论与技术的专门人才。与其他综合性院校相比，更着力于农业环境保护和治理、农业废弃物资源化利用，旨在培养国际绿色农业领军人才。

核心课程

工程制图、工程力学、流体力学、环境化学、化工原理、环境微生物学、环境监测、清洁生产、环境毒理学、环境污染与修复、水处理工程技术、大气污染控制、固体废物处理与资源化、给排水工程、工程设计、AutoCAD、环境质量评价、环境管理与规划、环境工程设计等。

未来发展

毕业生可攻读环境科学、环境工程等专业研究生，每年考研和出国深造比例 70% 以上。除本校外，近年免试推荐和考入研究生的院校和科研单位有北京大学、清华大学、南京大学、北京师范大学、中国科学院生态环境研究中心等。直接就业的毕业生可到与环境监测、管理、工程设计等相关的教学、科研、行政和企事业单位工作。

就业单位

近 3 年有代表性的就业单位包括：各地各级环保局、环境科学设计研究院、环境工程企业、水业集团和市政管委等。

2019 届本科生毕业去向

应用气象学

培养目标

培养具备宽厚的数学、物理学、生物学和地学基础，掌握大气科学和农业科学理论，能从事应用气象学教学和研究，胜任气候资源开发利用、大气探测与天气预报、气候变化影响与适应、生态与农业气象等科研、业务与管理工作，具有研究潜力、创新能力和掌握现代信息技术的农业气象行业领军人才。

专业优势

中国农业大学应用气象学专业已有 60 多年历史，是中国农业气象教育的发源地，拥有全国唯一的农业气象学专业博士点，在农业气象教学和科研方面享有盛誉，着重于研究型教学，立足于培养本学科有潜力的高端人才。其中部分校友已成为国内农业气象界领军人才和区域业务骨干。本专业教师主持多项国家级科研课题，国际合作与交流广泛，获得国家和省部级奖 10 余项，在学科国际前沿杂志发表多篇论文，参加多个 IPCC 报告和国家气候变化报告编写。

核心课程

气象学原理与气候学、大气物理学、大气探测学、天气学原理、农业气象学原理与方法、应用气候学、小气候学、农业与气候统计、计算机模拟基础、地理信息系统、遥感与卫星气象学、动力气象学基础、气象信息传播与影视制作、通用气象软件应用等。

未来发展

本学科设有大气科学一级学科硕士点（包括气象学专业、大气物理学与大气环境专业 2 个二级学科）和农业气象学博士点，毕业生深造和就业面广、潜力大、机会多。鼓励毕业生成为学科高端人才，选择先深造再就业。深造的培养单位主要有本校和北京大学、清华大学、中国科学院大气物理研究所、中国气象科学研究院以及美国、澳大利亚、荷兰等国名校等。相近专业方向深造率居全校各专业及国内同类专业前列。

就业单位

学生毕业后可在气象部门、农业部门和企业等从事气象领域的科研、技术、业务、管理工作。近 3 年毕业生平均深造率为 85%，部分毕业生到北京、陕西、河北、贵州等省市气象局就业；综合就业率居国内同类专业前列。

2018 届本科生毕业去向

生态学

培养目标

培养德智体美劳全面发展，具备生态领域的基本理论，理解生态文明建设与人类社会发展之间的相互关系，掌握基础生态学、农业生态学、生态工程、生态经济、生态补偿、生态修复、生态管理等方面的知识、方法和技术，能从事农业生态、修复生态、生态系统生态和可持续生态等领域的相关部门进行创新性研究和管理工作的科技人才。

专业优势

本专业 2002 年开始招收本科生，2011 年生态学科成为一级学科。中国农业大学生态学科在 2016 年 100 所高校学科评估中获得 B+ 的好成绩，也是农业高等院校中生态学排名领先的学科。本学科在农业废弃物处理、农业生物互作关系、有机农业生产与管理、美丽乡村建设理论与设计、生物多样性与气候变化等方面均取得了重大的成就。本专业更注重构建“基础 + 应用 + 管理”知识体系构建，从二年级分专业开始即实行本科生导师制，突出个性化培养，提高生态学知识运用和分析解决实际问题的能力。

核心课程

基础生态学、生物多样性科学导论、微生物生态学、生态工程、景观生态学、生态经济学、分子生态与生物进化、污染生态学、生态系统与全球变化、基础生态综合实习、资源环境系统分析等。

未来发展

本学科设有生态学一级学科博士点，优质的理论学习、严格的科研实训和丰富的实践活动，为毕业生继续在国内外知名高校和研究所深造、自主创业和到政府及企事业单位就业均奠定了扎实基础。

就业单位

60% 以上在国内外高校、研究所继续攻读本专业或相近专业硕士、硕博连读，10% 进入政府机关，30% 进入高新技术企业或自主创业。

2018 届本科生毕业去向

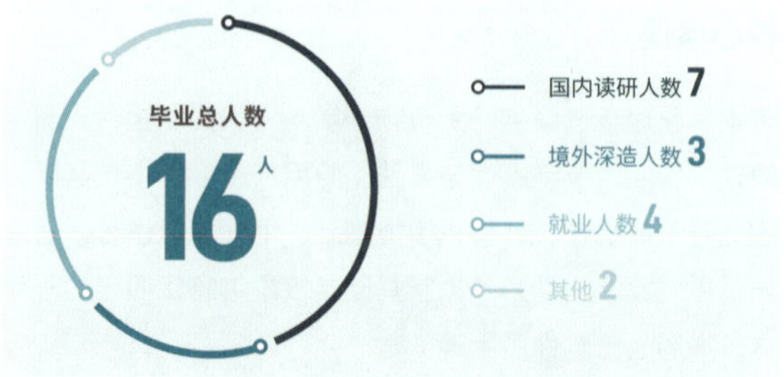

COLLEGE OF LAND SCIENCE AND TECHNOLOGY

土地科学与技术学院

土地资源的科学保护与合理利用，事关国家安全、社会稳定与农业和粮食安全，更关乎生态文明建设、乡村振兴和可持续发展。土地科学与技术学科是研究土地资源要素演变规律及区域禀赋差异，探索土地工程技术、土地信息技术等科技创新突破，研究土地制度、法律与政策规律的学科，研究土地科技创新支撑国家战略的技术体系和制度框架。

中国农业大学在土地科学与技术学科领域研究与人才培养历史悠久，特色鲜明，具有引领性，已逐步形成了包括土地资源学、土地管理学、土地整治工程、土地信息技术等学科方向，已经形成了一支稳定的师资与研究队伍，围绕土地资源管理、地理信息科学等专业的人才培养体系完备。为深入聚焦国家土地科技创新和人才培养需求，学校整合有关资源于 2017 年 12 月成立了土地科学与技术学院，全面布局建设土地科学与技术学科。学院现有教职工 40 人，其中教授 13 人、副教授 20 人、讲师 1 人。拥有部级重点实验室 2 个、共建部级工程中心 1 个、具有影响力的国家智库 1 个、北京市重点学科 1 个。我校土地学科研究在行业体系中处于领先地位，已与国家有关部门在土地学科建设、人才培养、重大战略问题研究等方面形成战略合作关系，前景广阔。

电话 010-62732865
010-62736581
邮箱 zrc@cau.edu.cn
网址 clst.cau.edu.cn

土地资源管理

培养目标

本专业培养具备现代管理学、经济学及资源学的基本理论，培养学生掌握土地管理方面的基本理论和基本知识，接受土地调查、土地评价、土地规划、土地整治、测量、计算机、地籍管理、不动产估价的基本训练，把学生培养成既具有现代管理理论又具有土地科学与管理领域专业技术才能，能在国土、城建、农业、房地产以及相关领域从事土地调查、土地利用规划、土地整治、地籍管理、不动产估价、土地管理政策法规研究与实施以及房地产开发、经营、管理等工作的高级专门人才。

专业优势

本专业在全国高校同类专业中处于一流水平。承担大量国家级科研项目，在土地资源调查、耕地保护、土地利用规划、农村土地制度改革、土地市场与地价监测、地籍调查与测量、土地综合整治、不动产统一登记等方面的研究具有突出优势。本学科具有土地资源管理专业博士学位授予权，具有公共管理博士学位授权一级学科。2008 年被批准为北京市重点学科，拥有国土资源部农用地质量与监控重点实验室。

核心课程

地质与地貌学、土地资源学、土地利用规划学、土地管理学、土地经济学、地籍管理、不动产估价、土地资源调查与评价、土壤学基础与土壤地理、土地信息系统、房地产开发经营、土地法学、土地整治工程设计。

未来发展

本专业学生具有突出的土地资源管理和房地产开发经营方面的技术专长，同时具备遥感和 GIS 技术等现代专业技术特长，在城市土地开发和农村土地利用管理领域具有广阔的前景。毕业去向一般为各级国土资源管理部门、建设和规划行政管理部门、房地产开发企业，以及各类地价评估、土地整治设计、土地利用规划、信息咨询、不动产登记等机构和有关科研教学机构。

就业单位

近 3 年有代表性的就业单位包括：自然资源部及其下属事业单位、各级自然资源局、土地管理部门相关事业单位、高等院校、房地产开发公司、评估公司及土地规划、土地整治规划设计机构等。

2018 届本科生毕业去向

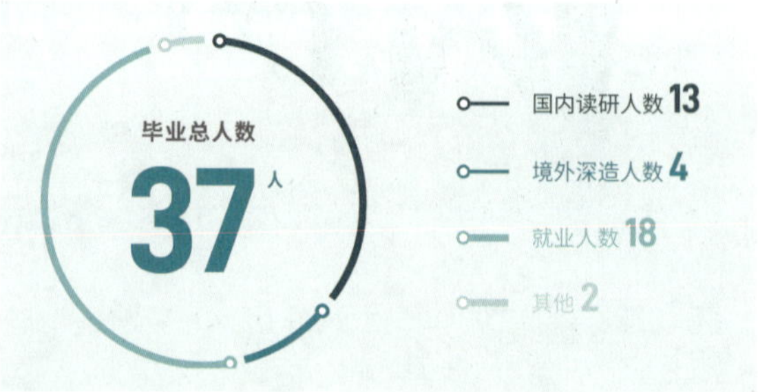

地理信息科学

培养目标

本专业旨在培养掌握空间信息科学的基本理论、空间信息处理和地理信息系统研发的基本技能，具有强实践创新能力与高人文素养，能在科研机构、企事业单位以及各级行政管理部门从事地理信息处理与应用系统开发的技术人才和管理人才。

专业优势

将农业和国土资源行业应用与空间信息技术紧密结合，是本专业科研与人才培养的特色与优势。本专业拥有农业部农业灾害遥感重点实验室、自然资源部农用地质量与监控重点实验室，也是农业部农业信息获取技术重点实验室的重要支撑。近 5 年，承担国家自然科学基金等科研项目 20 余项，经费 6000 万元，自主研制了农业空间大数据平台、耕地质量监测平台、种业大数据平台、农业灾害遥感监测平台，突出的科研水平极大促进了本科教学水平以及本科生创新能力的提高。本科期间实施导师制。

核心课程

地理信息系统原理、遥感原理、卫星导航原理、空间分析与地学统计、遥感数字影像处理、空间数据库、摄影测量学、数字测图原理、空间数据处理与系统开发（实践课）、3S 专业综合实习（实践课）、土地信息技术、定量遥感与农业应用、农业资源信息系统、自然地理学等。

未来发展

空间信息技术与纳米技术、生物技术并称国际三大科技前沿领域，在国土监管、资源监测、环境保护、智慧农业、灾害预警、导航服务等行业中得到深入应用，在人类生活与工作中起着越来越重要的作用。

就业单位

可到自然资源管理部门、农业信息部门、城市建设规划部门以及与空间信息技术相关的 IT 公司工作。近 3 年代表性的就业单位包括：北京市规划和自然资源委员会、北京超图软件股份有限公司、北京四维图新科技股份有限公司、北京苍穹数码测绘有限公司等。

2018 届本科生毕业去向

COLLEGE OF ANIMAL SCIENCE AND TECHNOLOGY

动物科学技术学院

动物科学技术学院最早源于1921年北京农业专科学校创建的畜牧学科，1923年更名为畜牧学系。中华人民共和国成立后，北京大学、清华大学、华北农学院三校的畜牧学系于1949年合并成为北京农业大学畜牧学系，1993年更名动物科技学院。1995年9月，北京农业大学与北京农业工程大学合并为中国农业大学后，正式更名为中国农业大学动物科学技术学院。

学院现有教授43人、副教授44人；博士生导师51人、硕士生导师82人。其中，中国科学院院士1人、中国工程院院士1人、国家"千人计划"1人、"长江学者奖励计划"特聘教授4人、长江学者首批青年学者1人，国家杰出青年基金获得者5人，享受政府特殊津贴专家6人，新世纪"百千万人才工程"国家级人选5人、国家"万人计划"科技创新领军人才4人、国家"万人计划"青年拔尖人才3人、国家优秀青年科学基金获得者1人、国家教学名师1人、北京市教学名师2人。

畜牧学作为国家一级学科，在教育部第四轮学科评估中被评为A+；开设动物科学本科专业，拥有动物遗传育种与繁殖学、动物营养与饲料科学、畜牧生物工程3个硕士、博士学位授权点，养殖专业学位授权点，畜牧学博士后流动站，还设有农业推广专业学位硕士点。

学院拥有省部级及以上科研基地13个，其中国家级重点实验室2个、国家级中心2个、部级重点开放实验室4个、部级研究中心5个；拥有省部级国际合作基地1个、校级国际合作中心4个。

我院十分重视本科人才培养，建设了20门专业核心课程，均由知名教授主讲。多年来吴常信院士、李德发院士一直坚持给本科生讲授课程，学院每年有60%的毕业生前往国内外知名大学或研究机构继续深造，其中近3年国外深造率超过10%。

电话 010-62733513
邮箱 liujiacau@cau.edu.cn
网址 cast1.cau.edu.cn

动物科学

培养目标

动物科学专业紧密围绕畜牧产业的重大需求与科学发展前沿，培养德智体美劳全面发展，具有宽厚的人文与自然科学素养，富有国际化视野和科学精神，掌握扎实的动物科学专业基本理论、基础知识与基本技能，从事科技创新与畜牧行业管理的拔尖创新人才和行业领军人才。

专业优势

本专业依托于动物遗传育种与繁殖、动物营养与饲料 2 个国家级重点学科，具有一流的师资和科研平台。在大学三年级学生将根据自己的发展意愿选择导师，并在导师指导下在国家重点实验室等科研平台从事科学探索或到一流的大型企业在企业导师的指导下进行生产与管理实践。通过学习学生将成长为一流的行业与企业管理人才或动物科学研究的精英人才。

核心课程

动物遗传学、动物育种学、动物繁殖学、动物营养学、饲料学、家畜环境卫生学、草地学、动物科学综合实习、饲料质量评定与安全检测、畜牧生物统计与实验设计等。

未来发展

当前我国和世界畜牧业正处于信息化、自动化、智能化以及生物技术化的快速发展时期，急需大批专门人才从事优质安全畜禽产品的生产管理、技术服务以及产品贸易等工作。此外，随着基因编辑、动物克隆、动物干细胞等生物技术的日益成熟，以畜禽生物反应器开展大规模生物制药为代表的动物生物技术新兴产业正在全球快速崛起，这是未来本专业最具发展前景的新方向。

就业单位

本科毕业生深造率高达 60% 以上，就业的同学主要在国家及省市畜牧行政管理机构、畜产品生产企业，从事管理、产品开发和技术服务等工作。

2018 届本科生毕业去向

GRASS INDUSTRY INSTITUTE OF SCIENCE AND TECHNOLOGY

草业科学与技术学院

草业科学与技术学院最早源于 1956 年学科始建，1963 年开始研究生招生，2000 建立草业科学系，2002 年成为北京市重点学科，2007 年成为国家级重点学科，2018 年建立学院。

学院现有教授 11 人、副教授 30 人；博士生导师 18 人、硕士生导师 23 人；“长江学者奖励计划”特聘教授 1 人、国家“万人计划”科技创新领军人才 2 人、教育部新世纪人才 2 人；现代农业产业技术体系（牧草）首席科学家 1 人、岗位科学家 4 人；2 个国家一级学会、4 个二级委员会的负责人。

学院设有草学国家一级重点学科，草业科学本科专业，草学硕士、博士学位授权点，农艺与种业专业学位授权点和博士后流动站。第四轮学科评估结果为 A+，进入世界一流学科建设行列。

学院拥有河北沽源草地生态系统国家野外科学观测研究站、草业科学北京市重点实验室、农业部草地管理与合理利用重点实验室、农业部牧草与草坪草种子质量监督检验测试中心（北京）、中国农业大学牧草种子实验室（ISTA 认可实验室）、农业部沽源草地生态环境重点野外观测试验站、农业部牧草工程技术研究中心及农业部青贮饲草料技术集成科研基地、涿州本科生教学实习基地。中国草学会（国家一级学会）秘书处、现代农业产业技术体系（牧草）办公室及国家牧草产业技术创新战略联盟秘书处挂靠在草业科学与技术学院。

学院重视本科生培养，建设 10 门专业核心课程，均由草学知名教授主讲。国际视野培养是我院本科生培养的特色之一，每年均有本科生 2 ～ 3 名优秀本科生全奖赴美国俄克拉荷马州立大学进行一学期的访学。此外，在学校 2+2 国际合作培养项目基础上，学院与美国罗格斯大学及俄克拉荷马州立大学有专门的草业科学学生专项，硕博士有更多的机会参与到国际交流中。本科生导师制是我院本科生培养特色之二，大一新生入学后即配备一对一导师，进入团队，在学习生活科研等方面关心和指导。平均每年有 60% 的毕业生前往国内外知名大学或研究机构继续深造，其中国外深造率高于 10%。

电话 010-62733513
邮箱 liujiacau@cau.edu.cn
网址 cast1.cau.edu.cn

草业科学

培养目标

草业科学专业紧密围绕草业的重大需求与科学发展前沿，培养德智体美劳全面发展，具有宽厚的人文与自然科学素养，富于国际化视野和科学精神，具备坚实的草业基本理论、基础知识与基本技能，从事科技创新与草业管理的拔尖创新人才和行业领军人才。

专业优势

坚持厚基础、宽专业的原则，注重现代草业专业基础理论、实践技能培养、创新能力及合作精神的培养和提升。实现精品化培养模式，在青年班主任和辅导员的基础上增加教授班主任，而且从大一入学起，每名学生配备专业导师，在生活、专业学习和人生规划等各方面帮助学生顺利完成高中 - 大学 - 就业的过渡和成长。已开设草业本科“2+2”国际合作培养项目 2 个、优秀本科生短期国际交流项目 1 个，国内读研率和出国深造率均处于学校前列。

核心课程

牧草与草坪草种子学、草地资源与生态、牧草与草坪草育种学、草坪管理学、草地保护学、植物生态学、草产品生产学、草地与牧场管理学、草业科学综合实习等。

未来发展

草产业是保障国家生态安全、畜产品安全，提升城乡生活水平的重要朝阳产业，主要包括 3 个主体部分：草产品生产、生态保护和草坪建植管护。优质草产品生产除了为传统的动物养殖提供饲草外，食用、药用等新市场已经开启；草原占我国 40%，草原保护和植被恢复是国家生态文明建设的重要内容；草坪建植管护技术主要应用于运动场草坪、高尔夫球场、城乡绿化等不同尺度和层次。

就业单位

国内外深造率 60% 以上，就业单位主要在农业、草原、畜牧、园林、环保等行业从事管理、产品开发和技术服务等工作。

2018 届本科生毕业去向

COLLEGE OF VETERINARY MEDICINE

动物医学院

动物医学院下设基础兽医学系、预防兽医学系、临床兽医学系，拥有兽医学一级学科博士学位授予权，设博士后流动站和特聘教授岗位，我院兽医学在前三轮高校学科评估中均排名第 1，在第四轮学科评估中获评 A+ 学科；是国家首批“211 工程”重点建设学科和“985 工程”科技创新平台建设学科，2017 年入选“双一流”大学建设学科。

学院拥有农业部动物流行病学与人畜共患病重点实验室、农业部兽药残留及违禁添加物检测重点实验室（北京）、动物源食品安全检测技术北京市重点实验室、教育部动物疫病快速诊断技术实验室以及国家兽药安全评价中心、国家兽药残留基准实验室、国家动物寄生原虫实验室等部属国家级专业实验室，拥有一流的教学动物医院和畜禽疫病诊断中心。

学院形成了一支由院士、学术带头人和学术骨干组成的团结协作、结构合理的教学科研队伍，包括教授 44 人、副教授 41 人，其中有中国工程院院士 1 人、“长江学者奖励计划”特聘教授 2 人、“国家杰出青年科学基金”获得者 4 人、“973 计划”项目首席科学家 2 人、国家“万人计划”百千万工程领军人才 4 人、科技创新领军人才 1 人、青年拔尖人才 1 人、青年千人 1 人、长江青年学者 1 人、国家优青基金获得者 4 人、新世纪优秀人才 15 人、全国优秀教师 1 人、北京市教学名师 3 人、北京市优秀教师 1 人、宝钢优秀教师 5 人。拥有 3 个农业科研杰出人才创新团队、1 个教育部优秀创新团队、1 个国家级教学团队、1 个北京市优秀教学团队和北京市动物医学本科生实验教学中心。

学院在畜禽重要疫病病原生物学与致病机制、动物源性食品安全以及小动物疾病诊疗等领域取得了一批高水平标志性成果。近 5 年来，获国家科技奖励 2 项、省部级奖励 10 项；获授权发明专利 63 项；在 *Lancet Infectious Diseases*、*Nature Microbiology*、*PNAS* 等刊物发表 SCI 收录论文 700 篇，承担“973 计划”、国家科技支撑计划、“十三五”国家重点研发计划、国家自然科学基金等纵向科研项目 456 项，横向科研项目 319 项，科研经费累计超过 6.02 亿元。

电话 010-62732976 62733704
邮箱 vetwang@cau.edu.cn
caucvmzszx@163.com
网址 cvm.cau.edu.cn

动物医学

培养目标

动物医学专业是研究动物疾病的发生、发展规律，并在此基础上对疾病进行诊断和防治的综合性学科，在公共卫生事业、社会预防医学、人类疾病动物模型、伴侣动物及观赏动物医疗、食品卫生、医药工业、环境保护等诸多领域发挥着重要的作用。本专业培养具备动物医学基本理论、基本知识和基本技能，能在兽医业务部门、动物生产单位及有关部门从事兽医、防疫检疫、教学、科学研究等工作的高级科学技术人才，培养具备动物疾病临床诊疗能力的执业兽医师。

专业优势

动物医学专业具有学科整体优势，是教育部和北京市首批特色专业。学院注重学生的全面发展和国际化视野的培养，为学生提供一流的教学条件、现代化实验室和具有国际水平的教学动物医院，培养高水平的兽医师和优良科研素质的科学家。学院重视学生的成长，为本科生搭建了进入世界一流大学学习的机会，如与英国爱丁堡大学的“2+4”联合培养、资助优秀学生赴美国衣阿华州立大学进修等。

核心课程

动物解剖与组织胚胎学、动物生理学、动物生物化学、动物病理学、兽医药理学、兽医微生物学与免疫学、兽医临床诊断学、兽医外科手术学、兽医内科学、兽医外科学、兽医传染病学、兽医寄生虫学与寄生虫病学、兽医产科学、动物性食品卫生学、中兽医学、动物病理剖检诊断技术、实验动物学、兽医公共卫生学等。

未来发展

本专业近 3 年本科毕业生总计 247 人，平均深造率 57.49%，其中出国深造率 11.74%，深造单位包括国内外著名高校及科研单位，如中国农业大学、中国科学院、清华大学、北京大学、美国堪萨斯州立大学、澳大利亚昆士兰大学、英国爱丁堡大学等；平均就业率 97.57%，毕业生多从事畜牧兽医行政管理、进出口动物及其产品的检验、动物性食品卫生检验、饲料工业、食品安全、环境保护、畜禽疾病的诊断与防治、伴侣动物医疗保健、实验动物、比较医学、公共卫生及生物医学领域等方面的工作。

就业单位

各地出入境检验检疫局和动物卫生监督所、农业局、畜牧局，选调生各地基层派遣单位，中国动物疫病预防与控制中心，中国兽医药品监察所，各地高校研究所，中国牧工商（集团）总公司，新希望六和饲料股份有限公司，强生（上海）医疗器材有限公司，默沙东制药有限公司，以及各地知名动物医院。许多学生毕业后成长为出色的执业兽医师。

2018 届本科生毕业去向

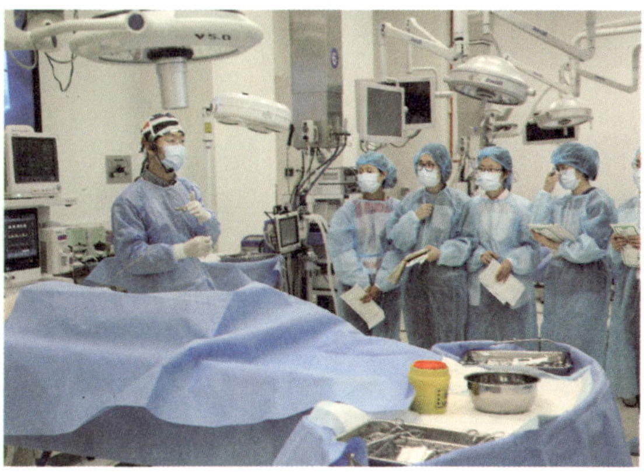

COLLEGE OF FOOD SCIENCE &
NUTRITIONAL ENGINEERING

食品科学与营养工程学院

食品科学与营养工程学院是中国农业大学的特色和优势学院，历经 30 多年的发展，学院围绕人类的营养与健康，以国家食品产业科技重大需求和国际学术前沿为导向，开展高水平科学研究、社会服务和文化传承与创新。学院具备培养学士、硕士及博士的完整教育体系，拥有“食品科学与工程”博士学位一级学科授予权，6 个博士学位授予点、7 个硕士学位授予点和 1 个“食品科学与工程”博士后流动站。学院学科建设成就斐然：2017 年，食品科学与工程学科入选国家“双一流”学科建设计划，全国第四轮学科评估中获评“A+”。

学院师资力量雄厚，现有教授 40 人、副教授 52 人，其中包括“长江学者奖励计划”特聘教授 1 人、“国家杰出青年科学基金 ”获得者 2 人、“国家优秀青年科学基金”获得者 3 人、国家青年千人计划 1 人、新世纪“百千万人才工程”国家级人选 1 人、“万人计划”科技创新领军人才 2 名、教育部“新世纪优秀人才支持计划”人选 12 人、“科技北京百名领军人才”1 人、北京市教学名师 1 人、享受政府特殊津贴专家 4 人、农业部农业科研杰出人才及其创新团队 2 个、科技部创新人才计划重点领域创新团队 1 个。学院坚持“顶天立地”，探索食品前沿科学，创一流科技成果，承担着多项国家级、省部

电话 010-62737959
邮箱 spjwbks@cau.edu.cn
网址 spxy.cau.edu.cn

级重大研究课题，以及国际合作项目和横向合作项目，每年科研经费达到 1.2 亿元人民币，发表 SCI、EI 收录论文近 400 篇，近 3 年获得国家级科技奖励 5 项。学院拥有国家级、省部级教学和科研中心、重点实验室 16 个。

学院十分重视学生综合素质的培养，重视实践教学，构建以“创新与实践能力培养为核心”的 123N 实践教学体系；积极开展第二课堂教育活动，搭建学生科技创新平台；充分发挥学生会、研究生会、学生社团的作用，开展丰富多彩的学生活动，饮食文化协会、葡萄酒文化协会等学生社团引领校园食品文化，大学生科技创新与创业活动蓬勃开展。近年来，学院本科生深造率超过 60%，学生就业率超过 90%。

本学院 2019 年按食品科学与工程类招生，包括食品科学与工程、生物工程、食品质量与安全和葡萄与葡萄酒工程 4 个专业。学生入校后，一、二年级实施统一的基础教学；从三年级开始，根据专业容量、教学资源、学生意愿、专业兴趣及就业意向等情况选择其中一个专业学习。

本科专业
核心课程一览

相同核心课程

食品微生物学 / 食品工程原理 / 食品化学
生物统计与试验设计

不同核心课程（食品质量与安全）

基础营养学 / 食品卫生与安全控制
农产品加工学 / 食品毒理学 / 食品化学与分析综合设计
食品保藏原理 / 食品分析

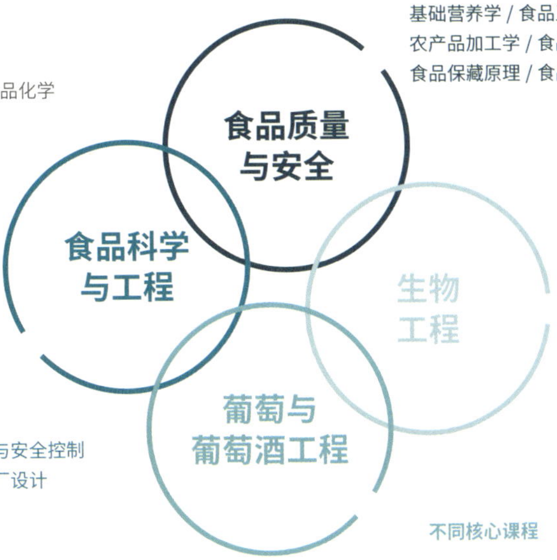

不同核心课程（生物工程）

分子生物学 / 食品生物工程
食品生物工程综合实验
食品工厂设计 / 食品保藏原理
食品分析

不同核心课程（食品科学与工程）

农产品加工学 / 食品卫生与安全控制
食品机械与设备 / 食品工厂设计
食品保藏原理 / 食品分析

不同核心课程（葡萄与葡萄酒工程）

葡萄酒化学 / 生态与葡萄栽培学
葡萄品种学 / 葡萄酒酿造学 / 葡萄酒感官品评
葡萄与葡萄酒生产实习

食品科学与工程

培养目标

本专业以化学、生物学、营养学、工程学等学科为基础，以食品加工、贮藏及质量管理为核心，专门培养符合现代食品产业发展需求的复合型高级专业人才。学生具有宽厚的人文与自然科学基础，掌握扎实的生物学、营养学与工程学基础知识，系统地掌握食品科学与工程的专业知识和技能，富有创新精神与能力，具有高度社会责任感及团队合作能力，能够在食品及相关专业从事科学研究、技术开发、工程设计、生产管理、品质控制及教育教学等方面工作。

专业优势

中国农业大学食品科学与工程学科是国家“双一流”建设学科，在全国第四轮学科评估中被评为 A+，在国际上也有很高的知名度。其主要特点是充分利用本校在农学和生物等方面的优势，在结合工程等学科基础上，针对全产业链加工体系，培养具有全球视野、了解行业上下游产业、注重宽厚基础教育、富有创新精神与能力的行业领军人才。

未来发展

学生毕业后可到大专院校、科研院所、食品企业及相关行业从事科学研究、技术开发、品质控制、经营管理和市场营销等工作；也可以报考公务员到国家机关、海关、商检、食品安全管理、环保、知识产权保护等政府和事业单位从事行政监管工作。优秀的学生可以免试推荐攻读研究生，可保送至本校，或其他高校及科研院所，每年 40% 左右的学生考取国内硕士研究生；另外还有 20% 左右的学生出国深造。

就业单位

近年来部分有代表性就业单位包括：中粮集团、美国玛氏公司、雀巢公司、各地大型食品企业和食品相关的研发机构等。出国深造的院校有荷兰瓦赫宁根大学、美国普度大学、美国康奈尔大学、日本东京大学等世界著名学府。

2018 届本科生毕业去向

生物工程

培养目标

生物工程专业是生物技术结合工程技术在食品领域应用的学科，既包括食品发酵和酿造等古老的生物技术应用，也包括应用现代生物技术和工程技术进行的食品及原（辅）料的品质改良、加工、制造等。本专业培养德智体美劳全面发展，具有宽厚的人文与自然科学基础，掌握扎实的生物学、化学、食品科学和工程基础知识，能够在食品、生物工程产业及相关领域从事科学研究、技术开发、工程设计、生产管理和教育教学等工作的高级专业人才。

专业优势

本专业涉及基因工程、细胞工程、蛋白质工程、酶工程、发酵工程和生物反应工程等教学和研究内容，是国内学科覆盖面最完整的食品科学生物工程专业之一，具有一支教学能力强、科研实力雄厚的师资队伍。与其他农业院校不同的特点是，更注重宽厚的人文与自然科学基础教育及国际化，立足培养富有高度社会责任感与创新精神的食品行业领军人才。

未来发展

毕业生就业范围较广，可以到食品工程开发及生物制品等领域的企业从事产品研发、经营管理和市场营销等工作，也可以报考公务员到国家机关、食品安全管理、环保部门等政府和事业单位从事相关工作。优秀的学生可以免试推荐攻读研究生，除选择本校外，还可保送至其他高校及科研机构；每年还有 40% 左右的学生可考取硕士研究生。

就业单位

近 3 年有代表性的就业单位包括：食品药品监督管理局、中粮集团、西安杨森制药有限公司（强生）、北京二商集团、广东雅士利集团、北京嘉吉亚太食品有限公司、北京乐普医疗科技有限公司等。

2018 届本科生毕业去向

食品质量与安全

培养目标

本专业培养德智体美劳全面发展，有志于提升我国食品的质量安全水平，促进公众营养健康状况，具有宽厚的人文与自然科学基础，掌握扎实的生物学、食品科学与工程、营养学、食品安全等专业知识和技能，富有创新精神与能力，具有高度社会责任感和较强交流与团队合作能力，能够从事与食品营养、食品质量与安全有关的科学研究、技术开发、品质控制、监督管理、教育教学等工作的高级专业人才。

专业优势

本专业拥有较强的师资队伍和雄厚的科研实力。建有农业部农产品质量监督检验测试中心（北京）、食品质量与安全北京实验室等开放性的产学研一体化教育与研究平台。本专业注重培养学生创新思维、过程管理、风险管理的意识与能力。

未来发展

本专业毕业生从事食品质量控制、食品安全管理、健康管理、产品策划和设计、营销、营养师等工作。此外每年 35% 左右的毕业生可通过保送或考取国内研究生进行深造，有 15% 左右的学生能获得到美国、加拿大、荷兰、澳大利亚等国继续深造的机会，学校包括美国康奈尔大学、普度大学、佐治亚大学，澳大利亚悉尼大学，加拿大多伦多大学，荷兰瓦赫宁根大学等。

就业单位

近 3 年有代表性的就业单位包括：各级政府的食品质量与安全监督管理机构、大专院校和科研院所、食品企业等。代表性企业有：中粮集团、美国玛氏集团、蒙牛集团、上海味好美食品有限公司等。

2018 届本科生毕业去向

葡萄与葡萄酒工程

培养目标

我校葡萄与葡萄酒工程专业是教育部第一批复合应用型卓越农林人才教育培养计划改革试点专业，其教育涵盖从葡萄栽培、葡萄酒酿造到品评与鉴赏的各个环节，培养具备扎实的园艺学、化学、生物学、葡萄酒学、食品工程学、企业管理和市场营销的基本理论知识和技能，系统掌握葡萄与葡萄酒工程的专业知识和专业技能，能够从事葡萄与葡萄酒或相关产品的科学研究、教育教学、产品研发、工程设计、产品销售和文化推广等工作的高级专业人才。

专业优势

我校葡萄酒学科平台是国家葡萄产业技术研发中心的依托单位，也是农业部葡萄酒加工重点实验室以及北京市葡萄科学与酿酒技术重点实验室，承担多项国家基础和应用基础研究项目；联合国内多家著名葡萄酒企业，致力于现代优质葡萄栽培技术和优质葡萄酒酿造工艺的研发以及葡萄酒市场与文化推广，在国内外均享有很高的声誉。

未来发展

学生毕业后可从事酒类企业管理、葡萄酒生产、营销贸易、文化推广、新产品新技术开发等领域的工作，就业部门包括大专院校、科研院所及质量技术检测监督管理、相关的生产部门、营销部门、进口产品代理、葡萄酒庄园、产品策划与设计、国际文化交流部门等。优秀学生可获推荐免试攻读研究生，每年大约 40% 的学生在国内深造，另外 20% 左右的学生出国深造，目前去国外深造的知名院校有法国巴黎高科、第戎高商、波尔多二大和蒙彼利埃一大、澳大利亚阿德莱德大学、美国康奈尔大学和加州大学戴维斯分校等。

就业单位

近 3 年有代表性的就业单位包括：中粮集团、国家葡萄酒质量监督检验中心、上海建发酒业有限公司，以及葡萄酒庄园、进口葡萄酒代理、葡萄酒俱乐部等。

2018 届本科生毕业去向

COLLEGE OF ENGINEERING

工学院

学院下设农业工程系、车辆与交通工程系、机械设计与制造系、机电工程系。学院拥有农业工程和机械工程2个一级学科博士学位点，以及农业机械化工程、车辆工程、机械设计及理论、机械制造及其自动化、机械电子工程、农业装备工程和农产品加工及贮藏工程6个二级学科博士点和6个二级学科硕士点。农业工程一级学科先后3次在全国一级学科综合评估中排名第1。

学院现有教职工156人，其中教授40人、副教授67人。专任教师中大多数具有博士或硕士学位，包括长江学者奖励计划特聘教授2人、国家百千万人才3人、北京市教学名师4人、宝钢基金优秀教师11人、教育部新世纪优秀人才7人、国家级和省部级突出贡献专家4人等。拥有博士生指导教师63人，硕士生指导教师106人，在校博士、硕士研究生636人。学院拥有雄厚的科研实力，先后11次荣获国家科技进步奖，多项成果达到国际先进或国内领先水平。农业工程学科入选教育部公布的建设世界一流学科A+名单。学院在课程建设和教学改革方面成果丰硕，前后获得15余项国家和省部级教学成果奖励；拥有国家级实验教学示范中心、国际级虚拟仿真实验教学中心；农业机械化及其自动化专业和车辆工程专业是教育部建设的本科特色专业，机械制造工程学科建设有国家级教学团队等。

学院国际合作与交流日益广泛，先后与美国、德国、加拿大、英国、荷兰、挪威、日本等20多个国家和地区的60多所著名大学建立了科研、教学等友好合作关系，与美国普度大学农业与生物工程系建立有农业工程本科“2+2”联合培养项目；与英国哈珀亚当斯大学建立的双硕士国际合作培养项目获得了国家留学基金委的资助。

2019年，工学院招生大类和专业包括：农业工程类（包括农业工程、农业机械化及其自动化2个专业）、机械电子工程专业、机械设计制造及其自动化专业、车辆工程专业、工业设计专业。

电话 010-62736553
邮箱 coe@cau.edu.cn
网址 coe.cau.edu.cn

农业机械化及其自动化

培养目标

本专业培养具有坚实的自然科学、人文社会科学和工程技术基础，具有良好的科学、文化素养和高度社会责任感，扎实的数学、物理、化学、生物等数学与自然科学基础知识，具备农学、机械原理、机械设计、机械制造工艺、经营管理学等基本理论知识，具备机械学、农业机械装备的构造原理、使用管理、技术经济等系统知识体系，接受农业生产过程机械化、自动化工艺设计及相关装备的设计制造、试验、选型配套、使用方面的基本训练，掌握机械化农业生产系统的规划设计、农业机械设计、不同农机经营主体经营管理、农业机械科研/推广专门知识，具有国际化视野和创新创业意识等综合素质的高级工程技术人才。

专业优势

本专业依托农业工程一级学科和农业机械化工程二级学科，该学科在教育部学科评估中，均居全国第 1，奠定本专业在国内的领先地位。师资队伍中 80%拥有博士学位，70% 以上具有国外研究或学习经历，获得国家科技进步二等奖以上成果 12 项，教育部、农业部及省部级科技奖励 40 余项，2018 年科研经费 7000 多万元，是本专业教学强有力的平台。

核心课程

工程图学基础、机械制图与 CAD 基础、机械原理、机械设计、机械制造工程学、工程材料与成型技术、控制工程基础、热工基础、动力机械、农学概论、液压与气动传动、农业机械与设备、农业机械化生产学、农业机械化管理学、农业机械化技术经济学等。

2018 届本科生毕业去向

未来发展

本专业是以机械工程为基础，融合信息技术、农业生物技术及环境科学的综合性学科，探索既能发展农业生产、提高经济效益，又能保护环境、保证农业可持续发展的机械化生产体系，也可研究农业生产机械装备技术。未来学生可以直接就业或继续深造，学习优秀的本科毕业生可以免试推荐攻读硕士研究生，50% 左右学生可考取硕士研究生。

就业单位

近 3 年有代表性的就业单位包括：中国农业机械化科学研究院、山东福田雷沃集团公司、黑龙江农垦总局、国机集团中国一拖、约翰迪尔（天津）有限公司、江苏牧羊集团有限公司、山东五征集团等。

农业工程

培养目标

本专业旨在培养具有良好的科学、文化素养和高度社会责任感，扎实的数学、物理、化学、生物等数学与自然科学基础知识，扎实的工程基础知识与能力，系统掌握农业工程基础知识、基本理论、工程技能和技术知识，具有创新创业意识、实践能力、国际视野，能够在农业工程及其相关领域从事教育、科研、开发设计、管理等工作的高级工程技术专业人才。

专业优势

本专业在农业工程一级学科基础上，培养学生系统地接受自然科学基础理论和工程技术基本训练，掌握比较宽泛的生物生产系统、农业工程机具装备、农业设施与环境、信息与自动化技术以及农业工程项目规划设计管理等知识，培养具有宽广知识结构和系统综合能力的复合型高级工程技术人才。

核心课程

机械原理、机械设计、机械制造工程学、精度与测量、工程测试技术、控制工程基础、工程热力学、液压与气压传动、农学概论、生物学基础、农业机械与设备、农业物料学、传热传质学、畜牧及加工机械、农产品加工工程等。

未来发展

本专业是一个综合性的交叉学科，是现代科学技术与农业产业化、现代化的有机结合。本专业是教育部为探索新世纪复合型工程技术人才培养的模式，专门立项研究而在我校设立的以一级学科招生的专业，培养的人才将具有良好的综合素质与能力，适应现代科技发展特别是工程领域技术集成与创新的需求。未来学生可以直接就业或继续深造，学习优秀的本科毕业生可以免试推荐攻读硕士研究生，50% 左右学生可考取硕士研究生。

就业单位

近 3 年有代表性的就业单位包括：广西柳工机械股份有限公司、黑龙江省红卫农场、常州东风农机集团有限公司等。

2018 届本科生毕业去向

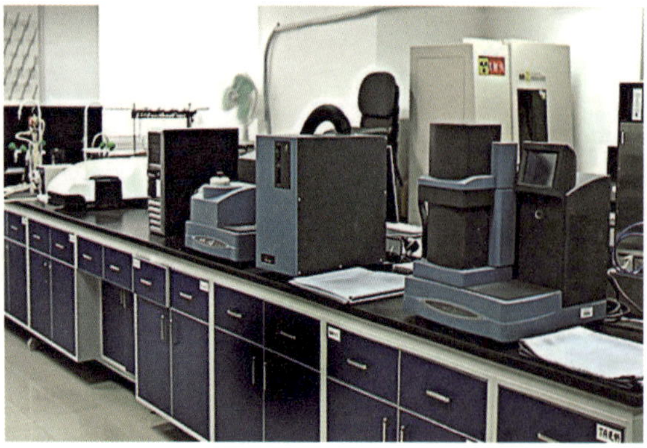

农业工程（中美联合培养）

培养目标

农业工程专业本科生中美联合培养项目旨在通过“强强联合、学分互认、学位衔接”打通中美高校联合培养障碍，推动我国农业工程专业教育的国际化接轨，着力于培养具有国际化视野的创新型、复合型、应用型工程拔尖人才。参加项目的学生不仅需要系统掌握数、理、化、生等基础科学知识和先进的机、电、信息等技术知识和工程技能，还有机会掌握国际前沿专业知识、感受中美不同文化，成为创新意识和实践能力强、具有国际视野、有能力参与国际竞争的国际化人才，并进入高层次国际人才市场。

专业优势

本项目实行“2+2”分段式培养，学制 4 年。前 2 年在中国农业大学工学院按照农业工程专业培养方案完成课程学习，学费按中国农业大学收费标准收取；成绩（英语和 GPA）达到美国普度大学转学要求，后 2 年在美国普度大学完成相应专业课程学习，学费按美国普度大学收费标准收取（成绩未达到美国普度大学相关专业转学要求，可在中国农业大学工学院继续完成学业，学费按中国农业大学收费标准收取）。本专业属于工学门类一级学科专业。依托农业工程国家重点学科建设，以工为基、多学科交叉的工程类本科专业是其主要特色。毕业生可选择继续深造或在工业和涉农领域充分就业，就业领域宽、前景广。

项目合作双方强强联合，联合培养起点高，保证了学生培养的高质量。中国农业大学农业工程学科是全国唯一的一级学科国家重点学科，拥有中国工程院院士 1 人、长江学者特聘教授 2 人、百千万人才国家级人选 3 人、教授 22 人。在 2002—2017 年教育部组织的连续四轮全国学科排名评估中均以较大优势位列第 1。项目合作外方美国普度大学（Purdue University）位于美国中西部印第安纳州芝加哥东南部，是一所历史悠久的研究型公立大学，近 5 年来，其农业与生物工程本科和研究生教育均排名全美第 1，享有很高的学术声誉。

核心课程

前 2 学年在中国农业大学主修课程包括数学、物理、化学、生物、力学、机械基础、工程软件、工程实践以及英语、部分人文社科等大学骨干课程模块；后 2 年主修课程按美国普度大学的要求实施。双方专业培养方案实现有效衔接，主要课程学分互认。

所授学位

成绩合格并满足专业培养要求，分别授予中国农业大学和美国普度大学工学学士学位。

未来发展

本专业具有农业工程的硕士和博士授权点，毕业生可攻读我校的硕士研究生，也可考取国外大学的硕士研究生。

就业单位

2013 年项目实施以来，共选拔 4 届近 40 名同学赴美国普度大学学习。目前已毕业的两届同学，在国外继续攻读硕博士学位的占 93%，就读学校分别为约翰霍普金斯大学、康奈尔大学、多伦多大学、瓦格宁根大学、普度大学（泰晤士高等教育 2018—2019 年度世界大学排名分别为 12、19、21、59、64）。

机械设计制造及其自动化

培养目标

本专业培养具有坚实的自然科学、人文社会科学和工程技术基础，具备较强的工程实践和研究能力，能从事机械工程领域内的设计制造、自动化控制、科技开发及运营管理等方面的工作，解决机械设计制造及其自动化中的复杂工程问题，具有国际化视野和创新意识等综合素质的高级工程技术人才。

专业优势

本专业以机械设计与制造为基础，融入计算机科学、信息技术、自动控制技术等学科，运用先进设计制造技术的理论与方法，解决现代工程领域中的复杂技术问题，实现产品智能化的设计与制造。立足以机为主，机电结合，突出自动化技术与计算机技术的应用，重视实践，强调工程素质及创新能力的培养。紧密结合我国农业高端装备发展需求，在农业智能装备制造、农业机器人、先进成形技术等方面培养具有厚实机械工程基础，富有创新精神的特色领军人才。

核心课程

机械制图与 CAD 基础、工程力学、工程材料与成型技术、机械原理、机械设计、机械制造工程学、精度与测量、电工技术、液压与气压传动、控制工程基础、微机原理与接口技术、理论力学、数控系统、金属塑性成形原理、农业机械学等。

未来发展

毕业生可通过免试推荐或考试继续在机械制造及其自动化、机械设计及理论、机械电子工程、车辆工程等相关专业攻读硕士、博士学位，或出国深造。直接就业的毕业生在机械、汽车、电子等众多领域，在机械产品设计、制造、控制及企业运营管理上具有良好的竞争优势和发展潜力。

就业单位

有代表性的就业单位包括：中广核工程有限公司、中国第一汽车集团公司、一汽大众有限公司、中国建筑第三工程局等。

2018 届本科生毕业去向

工业设计

培养目标

本专业培养具有强烈的社会责任感和使命感，掌握扎实的自然科学、工程技术和人文艺术等方面的基础知识，具有强烈的创新意识和设计思维能力，能从事软硬件产品设计、产品开发、宣传与管理，具有良好的工程技术素质、计算机应用能力和审美素质的复合型应用性高级专门人才。

专业优势

工业设计是融合了工程技术和人文艺术的综合学科，以产品设计为核心，涉及产品、视觉传达和环境与空间设计三大领域，成为现代工业不可或缺的重要一环。近年来又逐渐形成交互设计、界面设计、设计管理等热点方向，就业前景佳。本专业注重学科交叉融合，重视学生实践能力和职业素养的培养，与多家企业签订就业实习基地协议，确保学生在校期间进入企业参与设计实践。与美国奥本大学签订“3+2”项目和大四免申请保送读研项目，为学生出国深造创造条件。

核心课程

设计表达技法、三大构成、平面设计、模型制作、工程制图、工程力学、机械设计基础、机械制造基础、人机工程学、计算机辅助产品设计、产品设计程序与方法、工业产品设计原理、交互设计、电子产品设计、装备产品设计、产品创新设计等。

未来发展

本专业毕业后可到各类企事业单位、高校科研单位从事产品设计、计算机辅助设计、平面设计、用户体验和交互设计、多媒体设计等技术或管理工作。学生毕业后，可免试推荐或考取机械设计及理论（工业产品设计方向）硕士（博士）研究生或艺术学下设计学硕士（博士）研究生，以及机械工程（工业设计方向）专业学位硕士。近年来免推读研的学校包括清华大学、北京理工大学、上海交通大学、同济大学等，出国深造的学校包括卡耐基梅隆大学、罗切斯特理工大学、奥本大学等。

就业单位

近 3 年有代表性的就业单位包括：北汽福田、重庆长安、洛阳一拖、中国科技馆、国家知识产权专利审协、东软集团、百度、网易、小米、亚马逊（中国）、新浪等。

2018 届本科生毕业去向

车辆工程

培养目标

本专业培养车辆工程的工程师与专业人才，能够适应现代工程技术发展，融会贯通工程数理基本知识和车辆工程专业知识，对复杂工程项目提供系统性的解决方案；能够跟踪车辆工程的前沿技术，具备一定工程创新能力，能运用现代工具从事本领域相关产品的设计、开发和生产；具备社会责任感，理解并坚守职业道德规范；具备健康的身心和良好的人文科学素养，拥有团队精神、有效的沟通和表达能力，以及工程项目管理能力；具有全球化意识和国际视野，拥有自主的、终生的学习习惯和能力。

专业优势

本专业重点培养汽车整车、发动机、底盘各总成、电子控制装置设计以及汽车运用等方面的人才。强调机械、电子、控制等基础理论和车辆工程专业基础知识的掌握，注重专业实践能力的培养，强化工程技术应用方面的训练，重视学生创新精神和创新能力、就业能力和创业能力的培养。同时结合农业类院校特色，发挥车辆工程专业在拖拉机和农业车辆领域的教学和科研优势，面向我国农业行业，培养高素质的创新型农用车辆工程技术人才。

核心课程

理论力学、材料力学、机械原理、机械设计、机械制造工程学、工程材料与成型技术、热工基础、工程流体力学、控制工程基础、汽车拖拉机底盘构造、发动机构造、发动机原理、汽车拖拉机理论、汽车设计、汽车电子控制技术等。

2018 届本科生毕业去向

未来发展

学生毕业后可从事车辆整车、发动机和零部件的设计、研发、制造、检测、营销、售后服务、维修等工作；也可从事车辆工程方面的教学、科研及各类专业刊物和网站的编辑、记者等工作；还可从事企业管理等工作。本学科设有车辆工程硕士、博士学位授权点，具有机械工程博士后科研流动站。在完成 4 年的学习后，每年有 50% 左右的毕业生通过免试推荐或考取硕士研究生继续深造。

就业单位

近 3 年有代表性的就业单位包括：北汽福田汽车股份有限公司、比亚迪汽车工业有限公司、一汽大众汽车有限公司、重庆长安汽车股份有限公司、北京长城华冠汽车技术开发有限公司、东风柳州汽车有限公司、江铃汽车股份有限公司、安徽江淮汽车集团股份有限公司等。

机械电子工程

培养目标

围绕着机器人技术、信息技术与“互联网 +”的应用，本专业培养具有身心健康和良好人文素养，融会贯通工程数理基本知识，掌握机械、电子、控制等基础理论及前沿技术，具备综合运用机电与测控知识的工程实践能力，能运用现代工具从事信息处理、机器人控制、利用“互联网 +”技术远程监控的研究、设计、开发和生产，拥有清晰表达、有效沟通、终身学习和项目管理等能力，具有创新意识、国际化视野和工程实践能力的高素质复合型工程技术人才。

专业优势

本专业以机械、电子、信息为理论基础，以计算机技术、机器人技术、测控技术、“互联网 +”为技术手段，解决机电系统中的复杂技术问题，实现终端产品的智能化。强调“光 - 机 - 电 - 液一体化”多学科交叉融合，注重计算机技术、自动控制技术、信息技术及新技术等的应用。强化学生工程技术应用方面的训练，通过参加学科竞赛增强实践能力和团队合作精神。在工农业智能化装备、机器人领域具有较宽的测控知识体系和较强的创新与实践能力。

核心课程

机械原理、机械设计、控制工程基础、工程测试技术、单片机原理及应用、微机原理与测控技术、机电传动与控制、机器人技术基础、探索机器人创新实验、人形机器人创新实验、无线传感器技术、嵌入式技术、机电一体化技术、智能检测技术、测控仪器设计等。

未来发展

本专业具有机械电子工程专业硕士、博士授权点，学生毕业后可以在本校和外校的机械工程、机械电子工程、自动化等相关专业继续攻读硕士或博士学位，亦可出国在相近领域或专业攻读研究生，深造率 40%~50%。直接工作的学生可在工农业相关企业、科研单位、国家机关和高等院校从事机电产品设计、产品开发、企业管理、市场营销、科学研究和教学等方面的工作。

就业单位

近 3 年有代表性的就业单位包括：北京汽车集团有限公司、比亚迪股份有限公司、中国第一汽车集团公司、上汽通用五菱汽车股份有限公司 、福田雷沃国际重工、北京微电子技术研究所 、沈阳自动化研究所、英利集团有限公司、上海三一科技有限公司、北京天骄宏业商贸有限公司、中铁二十二局集团有限公司。

2018 届本科生毕业去向

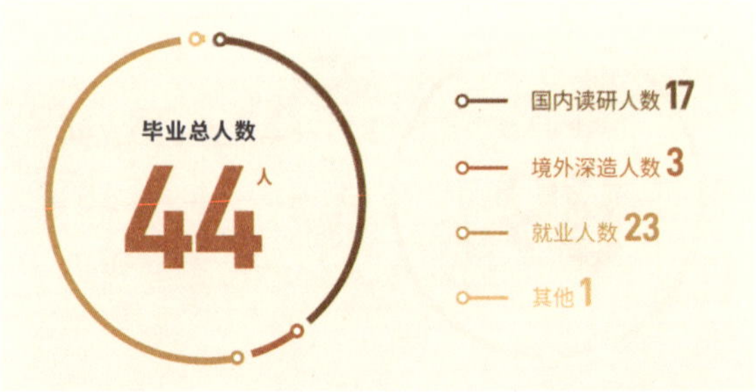

COLLEGE OF INFORMATION AND
ELECTRICAL ENGINEERING

信息与电气工程学院

信息与电气工程学院起源于 1955 年，历经几代人数十载砥砺奋进，发展成为以农业信息与农村能源为优势和特色的高等教育基地。

学院始终坚守人才培养的根本任务，不断深化教育教学改革与国际拔尖创新人才培养模式研究，高度重视本科生科技创新能力培养，设有 4 个系、1 个工程实践创新中心、1 个农业大数据研究中心、1 个智能工程研究所、1 个计算中心，依托北京市校内示范性创新实践基地，每年组织学生参加学科竞赛，荣获 2017 美国 ASABE 大学生机器人设计竞赛冠军、2017 年全国大学生电子设计竞赛二等奖、第三届中国“互联网 +”大学生创新创业竞赛北京市一等奖，获奖学生可免试推荐攻读研究生。

学院拥有现代精细农业集成技术研究教育部重点实验室、农业部农业信息获取技术重点实验室 、农业部农业信息化标准化重点实验室、农业部农业灾害遥感重点实验室，以及精准畜牧业技术集成、精准渔业技术集成农业部科学试验基地；拥有 2 个一级学科博士点和 7 个硕士学位授权点。现有在校生 1600 余名。60 多年来培养各类人才近 2 万名。

学院现有教职员工 160 余人，其中中国工程院院士 1 人、长江学者奖励计划 1 人、国家“千人计划”青年项目入选者 1 人、教育部新世纪优秀人才支持计划入选者 3 名、北京市教学名师 1 名。承担多项国家或省部委科研项目，与 30 多个国家的大学开展了长期友好合作。

2019 年，除了信息科学试验班外，学院招生的专业有：电子信息类（包括电子信息工程、通信工程、自动化 3 个专业）、计算机类（包括计算机科学与技术、数据科学与大数据技术 2 个专业）、电气工程及其自动化。

电话 010-62737430
邮箱 93547@cau.edu.cn
网址 ciee.cau.edu.cn

电气工程及其自动化

培养目标

本专业面向国家电气工程与新能源科技重大需求和国际学术前沿，以提升学生解决复杂工程问题能力为导向，培养能够从事电气工程及其相关技术领域工作的宽口径、复合型、国际化高级工程技术人才，毕业生可在电力系统、电气设备制造、新能源利用等企业、高校科研单位、相关企事业单位的业务部门就业，从事电气工程、电力系统自动化和电气智能化系统等的设计、施工、技术管理、科研开发等工作，具有较宽的岗位适应能力、科学研究能力、工程设计能力、终身学习能力、团队合作能力和一定国际视野。

专业优势

本专业是国家级重点学科“农业电气化与自动化”的重要支柱之一，在智能配电网与农村能源等方面具有鲜明的优势与特色，是教育部与北京市特色专业。涵盖了电力系统及其自动化、电机与电器、电力电子、高电压技术和新能源发电等相关二级学科。拥有智能微电网运行与控制技术北京市工程研究中心、国家电网公司农电新技术培训中心以及十几个专业实验室。已有 60 多年办学历史，培养近 2 万名毕业生，尤其在电力行业中享有较高的声誉和影响力，并与国内外知名高校、科研机构和企业有广泛的学术交流与合作。

核心课程

电路原理、电机学、电力电子技术、信号与系统、自动控制理论、电力系统分析、发电厂工程、继电保护原理、高电压技术、电力系统自动化、电力市场、新能源发电技术、智能电网技术、电力通信技术等。

2018 届本科生毕业去向

未来发展

我国推进能源革命，加快能源技术创新，建设清洁低碳、安全高效的现代能源体系。电力及相关工业是国民经济的支柱产业，在可预见的未来，能源消费中电能占比稳步提高，能源互联网时代，以电为动力、电子信息处理与电气控制等为特征的信息化社会对电气工程人才的需求十分旺盛，各种新的技术不断融合到电气工程当中，正在向智能化方向发展。由于应用范围广阔，小到一个开关的设计，大到航天飞机的研制，都有电气工程专业毕业生的身影。

就业单位

毕业后可在各地电网公司，电力和能源相关科研院所、高新技术公司、企业等; 发电厂，非电力企业的动力部门工作。

自动化

培养目标

本专业培养富有创新潜质、团队意识、终身学习能力以及良好国际视野的高素质自动化工程技术人才；培养学生具备电子技术、智能科学相关理论和控制技术、计算机技术与应用、检测与信息处理等工程领域专业知识，毕业后能够在较宽广领域从事控制系统与智能系统的开发、集成、应用等方面的工作；培养未来在农业工程领域以及其他智能应用领域的高层次自动化专业人才，能够胜任该领域的教学科研和管理工作。

专业优势

中国农业大学自动化专业是国家重点学科“农业工程”和农业部重点学科“农业电气化与自动化”的支撑专业，也是计算机科学与技术一级学科下面数据科学与智能系统方向的支撑专业。多年来在中国工程院院士的带领下围绕着智能农业、农业机器人、检测与自动化装备要解决的关键问题，在精准检测、机器人、物联网、设施环境控制、动植物表型高通自动化检测与智能科学控制等领域，具有雄厚的研究基础。

核心课程

电路原理、电子技术、信号与系统、自动控制原理、电机与拖动基础、检测与自动化仪表、电力拖动自动控制系统、计算机控制系统、检测技术与自动化仪表、电路电子技术训练、控制系统综合设计、人工智能与智能控制技术等；并在检测与自动化装置、物联网、人工智能与控制工程等3个方面开设可选择的专业技能课程。

未来发展

学生毕业后可在工业、农业、交通、能源、建筑、国防等部门和行业从事信息获取与分析，智能系统的设计、分析、集成等专业技术工作和管理工作。继续深造可攻读控制科学与工程、计算机科学与技术、农业电气化与自动化等方向的硕士及博士研究生。

就业单位

大型自动化装备制造企业、人工智能与智能自动化企业、航空航天院所、电力及能源部门、设计院等，以及自己创业。

2018 届本科生毕业去向

电子信息工程

培养目标

本专业旨在培养“厚基础、宽口径、重实践、高素质”，具有解决复杂工程问题能力的复合型电子信息工程技术人才，使学生具有良好的人文素养、职业道德、创新精神和实践能力，具备坚实的电子科学技术、信息工程等核心学科基础理论和基本知识，能够从事电子信息及农业工程领域技术开发、工程设计及管理等工作，优秀学生可进入研究生阶段继续深造。

专业优势

本专业是教育部第六批特色专业，是国家级重点学科“农业电气化与自动化”的重要支柱之一。本专业拥有“现代精细农业系统集成研究”教育部重点实验室，同时也是农业部重点实验室“农业信息获取技术”的重要支撑单位。教师队伍由中国工程院院士、“长江学者奖励计划”等学科专家领衔，近年来承担国家、省部委多项重点科技攻关课题，并与相关科研院所及企业建立了深入科研转化合作关系，积极助推科研成果与人才培养高效对接。

核心课程

电路、电子技术、高频电子电路、电磁场与电磁波、信号与系统、通信原理、数据结构与算法、随机过程与信号分析、电子电路技术训练、电子信息系统综合实践、计算机语言与程序设计、传感器与自动检测技术、数字信号处理、FPGA 数字系统设计与实验、微机原理与接口技术等。

未来发展

毕业后可从事智能电子设备和信息系统的研发等相关工作。近 3 年约 50% 学生国内外求学深造，可攻读电子与通信工程、农业电气化与自动化等方向研究生。

就业单位

政府部门，中国电信、中国移动、中国联通等电信局和移动公司，三星、华为、飞思卡尔、TCL、摩托罗拉等跨国企业和知名 IT 行业企业，银行系统，汽车公司等。

2018 届本科生毕业去向

计算机科学与技术

培养目标

本专业培养具有良好的综合素质和职业道德，能够在工农业生产和社会经济等计算机与信息化应用领域，从事计算机应用开发和管理工作的高级复合型人才；能够在计算机科学与技术专业领域，从事计算机系统设计、研究和系统集成等工作的高级专业人才。

专业优势

本学科拥有计算机科学与技术一级学科博士点和硕士点，是国家级重点学科“农业电气化与自动化”的重要支柱之一，涵盖了计算机系统结构、计算机软件与理论、计算机应用技术、计算机网络与信息安全等二级学科，拥有农业信息网络与图像处理等专业实验室。近年来承担国家、省部委多项科技攻关课题，与科研院所及企业建立了深入科研转化合作关系。广泛开展与国外知名高校的国际合作，本科生可以选择国际拔尖人才项目出国深造。

核心课程

程序设计、数据结构、软件工程、离散数学、人工智能、计算机网络、计算机组成与体系结构、接口技术、数据库原理、操作系统、编译原理等。

未来发展

通过各类专业课程学习，毕业生可在教育部门、政府机构、IT 企业、科研院所等单位从事计算机软硬件研究、开发、设计、管理工作；具备行业信息化等需求的就业优势。同时，部分学生可以到国内外大学继续深造。本专业毕业生在计算机科学与技术、软件工程及相关领域具有竞争实力，部分优秀学生能够在工作团队中作为领导者有效发挥作用。

就业单位

近 3 年有代表性的就业单位包括：中国农业银行、北京机械工业自动化研究所、中国电子科技集团、中国移动通信集团等。

2018 届本科生毕业去向

数据科学与大数据技术

培养目标

面向国家现代化发展对大数据研究与应用的需求，培养具有扎实的大数据理论和专业知识、良好的科学素养和创新意识、较强的工程实践与协作能力，具备计算机、数学、统计学等多学科知识和技能，具有利用大数据思维分析现代农业中复杂工程问题、解决问题、自主学习以及创新能力，适应国际化竞争环境的高素质人才。未来能够成为大数据有关教学、科研、开发和应用农业大数据工程师或数据科学家。

专业优势

本专业面向国家战略发展需求，以“新工科”教育理念为指导，依托计算机科学与技术一级学科博士点和硕士点的优秀师资队伍，以及农业大数据实验室和省部级重点实验室为本科生提供实践教学基地，通过参与教师的实际研究项目工作，提升创新和科研能力。与美国华盛顿州立大学等 25 所国外知名高校签订了合作协议，可以有效实施国际拔尖创新人才计划，为培养具有国际化竞争能力提供保障。

核心课程

程序设计、数据库原理、数据科学导论、统计学习理论、最优化方法、大数据存储与处理、大数据可视化分析、数据挖掘、机器学习、大数据综合实训等。

未来发展

学生毕业后可以在本校和外校的计算机科学与技术、统计学、数学等相关专业继续攻读硕士或博士学位，亦可出国在相近领域或专业攻读研究生。本专业就业前景广阔，毕业生能够在计算机和互联网领域以及大数据相关产业从事数据科学研究、大数据相关工程应用开发、技术管理与咨询等工作。

就业单位

第二年招生，暂无。

通信工程

培养目标

本专业培养“厚基础、宽口径、重实践、高素质”，具备通信技术、通信系统和通信网等方面的知识，能在通信领域中从事研究、设计、制造、运营及在国民经济各部门和国防工业中从事开发、应用通信技术与设备的高级工程技术人才。

专业优势

本专业拥有高频实验室、现代通信技术综合实验室，并与中国农业机械化科学研究院等建立了长期的实践教学联系。本专业注重通信原理、通信网络等基础理论的学习，研究现代通信理论，掌握现代通信技术，坚持工程与科技开发相结合。应用研究方面偏重于无线通信、微波通信、光通信、通信网络技术的农业应用等方面。本专业注重理论联系实际，侧重培养学生的动手能力、开发能力和解决问题能力，使学生就业时具有扎实的理论基础和工程实践能力，提高竞争力。

核心课程

信号与系统、数字信号处理、通信原理、高频电子电路、信息论基础、现代通信网与交换技术、电磁场与电磁波、模拟电子技术、数字电子技术、现代通信技术综合实验等。

未来发展

学生毕业后可从事通信技术研发、信息行业和电信行业的管理、进出口通信设备及其网络产品的检验、网络及通信设备的调试维护、通信规划、通信系统实现等工作。可在通信与信息系统、计算机科学与技术、电力系统及其自动化、农业电气化与自动化等主要专业方向深造。每年约有30% 的本科生考上研究生或出国继续深造，如北京大学、北京航空航天大学、北京邮电大学、中国科学院等。

就业单位

近 3 年有代表性的就业单位包括：政府部门、通信企业、航空系统、国家电网等。

2018 届本科生毕业去向

COLLEGE OF WATER CONSERVANCY AND CIVIL ENGINEERING

水利与土木工程学院

学院下设水利工程、流体机械与流体工程、农业建筑与环境工程、土木工程 4 个系，现有师资 120 人，包括中国工程院院士 1 人、国家“千人计划”1 人、“长江学者奖励计划”特聘教授 4 人、国家杰出青年基金获得者 3 人、北京市教学名师 5 人、教育部新世纪优秀人才 10 人，80% 以上教师具有博士学位；拥有国家自然科学基金创新研究群体 1 个、教育部长江学者创新团队 1 个、农业部农业科研杰出人才及创新团队 1 个、教育部引智基地 1 个。

电话 010-62736913
邮箱 yjsun66@cau.edu.cn
网址 water.cau.edu.cn

学院拥有近 8000 米 ^{2} 的科研实验楼，拥有农业水土工程、农业生物环境与能源工程 2 个国家重点学科和水文学及水资源北京市重点学科，牵头建设了中国农业水问题研究中心和农业部设施农业工程学科群；拥有农业部设施农业工程（综合性）重点实验室、农业节水与水资源教育部工程研究中心、北京市畜禽健康养殖环境工程技术研究中心、北京市供水管网系统安全与节能工程技术研究中心、农业部作物高效用水武威科学观测实验站等科研平台。建设有科技部温室设备国际科技合作基地和北京市畜禽健康环境与福利养殖国际科技合作基地、现代节水灌溉技术与设备国际科技合作基地。

学院现有农业水利工程、农业建筑环境与能源工程、能源与动力工程、土木工程、水利水电工程 5 个本科专业，农业水利工程、农业建筑环境与能源工程本科专业入选教育部首批“卓越农林人才教育培养计划”，农业水利工程本科专业通过了全国工程教育专业认证。学院与美国普度大学、康涅狄格大学等著名高校合作开展了本科生“3+2”等联合培养项目，设有水利工程、农业生物环境与能源工程、动力工程及工程热物理、土木工程等 10 个学术型硕士、工程硕士学位授权点，水利工程、农业水土工程、农业生物环境与能源工程等 3 个博士学位授权点，已形成了本科、硕士、博士、博士后以及国外合作办学的人才培养体系。拥有水利与土木工程国家级虚拟仿真实验教学中心、北京市实验教学示范中心以及 40 余个校外工程实践教育基地。主办了全国大学生农业建筑 (生物) 环境与能源工程相关专业学科创新设计竞赛等多层次、多类型科技活动，大幅提升了学生创新创业能力。自创办以来，培养了水利部前部长钮茂生、中国首次轻型飞机环球飞行完成者张博等杰出校友近万名。

农业水利工程、水利水电工程、能源与动力工程 3 个专业按水利类招生，根据学生意愿及教学资源等情况分流培养。

本科专业核心课程一览

相同核心课程

材料力学 / 理论力学 / 结构力学 / 水力学
画法几何与技术制图 / 工程导论 / 工程经济
工程项目管理与实务 / 工程水文学
土力学与地基基础

不同核心课程

工程测量 / 灌溉排水工程学
工程地质与水文地质
水利工程施工 / 水泵与水泵站

不同核心课程

工程结构 / 水工建筑物
水利水能规划 / 水电站

不同核心课程

流体力学与叶栅理论
流体机械基础 / 泵理论与设计方法
水轮机理论与设计方法
水力机械测试技术

不同核心课程

建筑制图 / 农业生物环境原理
热工基础 / 设施农业工程工艺
农业生物环境工程 / 生物质能源工程

不同核心课程

结构力学 / 土木工程材料 / 钢结构
建筑施工 / 钢筋混凝土结构
建筑抗震设计

相同核心课程

工程导论 / 工程经济
工程项目管理与实务 / 工程综合实践

农业水利工程

培养目标

本专业培养适应社会经济发展和农业水利科技现代化建设需要，具备良好的人文素养和职业道德，能够运用农业水利工程学科基础理论、专业知识及应用能力在农业水利工程、水资源工程、小型水利水电工程等水利相关领域从事工程规划、设计、施工、管理和研究等工作的行业领军人才。

专业优势

中国农业大学农业水利工程专业特点是创新与国际化。本专业依托我国唯一的农业水利方向国家自然科学基金委创新研究群体，是首批教育部卓越农林人才培养计划改革试点专业。本专业建有高等学校学科创新引智基地，与美国康奈尔大学、普度大学、康涅狄格大学等高校有合作培养项目。本专业所属农业工程学科在教育部历次一级学科评估中，均位列全国第 1。农业水利工程专业师资力量雄厚，具有包括院士、长江学者特聘教授与青年学者、国家杰出青年基金与优秀青年基金获得者、青年千人计划等完整人才体系的高层次专业技术人才，具有包括院士、“长江学者奖励计划”特聘教授与青年学者、国家杰出青年基金与优秀青年基金获得者、青年千人计划等完整人才体系的高层次专业技术人才，90% 的教师具有在海外工作与学习的经历。本专业毕业生就业率在全校名列前茅。

未来发展

本专业有农业水土工程和水利工程博士学位授权点，与美国多所高校具有联合培养本科生及研究生项目。毕业生可选择在本科期间出国联合培养及毕业后在农业水土工程、水利工程等专业方向继续深造。每年约有 60% 的应届本科毕业生考取研究生继续深造或出国攻读研究生。

就业单位

学生毕业后可在水利工程建设、管理部门及科研院所、高等院校等单位从事管理、科研、设计、施工、教学等工作。近 3 年有代表性的就业单位包括：水利部所属机关事业单位、长江水利委员会、海河水利委员会、各省市级水务局、大禹节水灌溉有限责任公司等。

2018 届本科生毕业去向

水利水电工程

培养目标

本专业培养具备水利水电工程设计施工及可持续管理运行、城市水利及生态水利等基本理论和专业知识，并具有创新精神和实践能力，能够从事水利水电工程及相关领域的规划、勘测、设计、施工、管理、科研的复合型高级工程技术人才。

专业优势

中国农业大学水利水电工程专业特点是复合性及前沿性。其中复合性是指培养具有水利水电工程、城市水利、生态水利宽广知识面的人才；前沿性是指本专业立足城市水利与环境可持续等学科前沿，紧跟国际水利类专业由工程建设向工程建后管理方向发展，与美国康奈大学、康涅狄格大学等高校有合作培养项目。本专业所属水利工程一级学科在第三次学科评估中全国排名第 7，水利水电工程专业具有包括院士、长江学者、国家杰出青年学者获得者等在内的高层次专业技术人才。本专业毕业生就业率在全校名列前茅。

未来发展

本专业具有水利工程一级学科博士学位点，与美国多所高校有联合培养本科生及研究生项目。可在水利工程、农业水土工程等专业方向继续深造。每年约有 50% 的应届本科毕业生免试推荐和考取研究生以及出国继续深造。

就业单位

学生毕业后可在水利水电工程管理、设计、科研机构等企事业单位和高等院校从事相关的设计、施工、管理、科研、教学等工作，也可在土木建筑、交通和市政工程及其他行业从事相关工作。近 3 年有代表性的就业单位包括：水利部、海河水利委员会、中国水利电力对外公司、中国水利水电工程局、北京水利勘测设计研究院等。

2018 届本科生毕业去向

能源与动力工程

培养目标

本专业培养具备流体力学、流体机械、流体工程、水利工程等方面基础知识，具有扎实的理论基础、较强的实践和创新创业能力、较高的文化和道德素养的高级人才，以满足社会各行业对流体机械及工程领域的设计、制造、试验、应用和经营管理等各方面的人才需求。

专业优势

本专业现有包括教育部“长江学者奖励计划”特聘教授在内的专任教师 16 人，全部具有博士学位。拥有动力工程和水利工程硕士点、水利工程博士点及农业工程博士后流动站，教学科研体系完整。本专业在泵、水轮机和灌排机械等流体机械的设计、理论研究及工程应用以及本科教学方面有近 60 年的经验积累，在国内有突出的影响。参与了包括长江三峡工程、南水北调工程、大型泵站更新改造以及总理基金项目在内的多项国家重点工程项目的研究与设计工作，承担多项国家级研究项目，获得国家科技进步二等奖 1 项，省部级科技奖励多项。拥有“北京市供水管网系统安全与节能工程技术研究中心”研发平台和水力机械国家虚拟实验室。

未来发展

本专业致力于传统能源的利用、新能源的开发和如何更高效的利用能源。本专业（流体机械及工程方向）涉及水利工程学科和机械工程学科，主要培养能量转换及其高效利用领域具有扎实的理论基础、较强的实践、创业和创新能力，较高的文化和道德素养的高级人才，以满足社会各行业对流体机械及工程领域的设计、制造、试验、应用和经营管理等各方面的人才需求。随着国民经济和社会的不断发展，流体机械与流体工程方向的研究领域已涵盖农业、工业、水利、环保、航天、国防等各个部门，人才需求不断增加，尤其是近年来计算流体力学的发展使流体机械及流体工程在各行业的应用不断深入，应用范围不断拓宽。

就业单位

学生毕业后可到相关的国家机关、科研院所、流体机械制造企业以及水电行业、航空航天部门、水利部门及与流体工程设计相关的其他单位从事生产、教学、科研、销售、管理等工作。近 3 年有代表性的就业单位包括：水利部部属各单位、中国长江电力股份有限公司、上海凯士比泵有限公司、东方电气集团、哈尔滨电气集团等。

2018 届本科生毕业去向

农业建筑环境与能源工程

培养目标

本专业培养具备建筑热工基础、生物环境原理、乡村规划设计、农业工业化生产设施与环境控制、新能源开发利用等方面基础知识，具有扎实的理论基础、较强的实践和创新创业能力、较高的文化和道德素养的高级人才，以满足社会各行业对现代设施农业与生物环境控制领域的设计、建造、试验、应用和经营管理等各方面的人才需求。

专业优势

中国农业大学的农业建筑环境与能源工程专业，是我国该专业的创办单位，第一个硕士和博士学位授权点，是国家特色专业和卓越农林人才培养计划示范专业，农业部设施农业工程重点实验室学科群牵头单位。所在的农业工程一级学科全国排名第 1，为国家“双一流”建设 A+ 学科，拥有一支高水平师资队伍；由国家“千人计划”教授、北京市教学名师、青年拔尖人才、农业部农业科研杰出人才创新团队等组成的建有“动物环境与福利国际研究中心”“中 - 美环境增值能源工程”等多个国际合作平台；与美国康奈尔大学、伊利诺伊大学、加拿大马尼托巴大学、荷兰瓦赫宁根大学、丹麦奥胡斯大学、比利时鲁汶大学、意大利米兰大学等 10 余个国家的 30 多所著名高校建立了密切的科研合作关系和国际化人才培养体系。

未来发展

本专业有农业生物环境与能源工程硕士及博士学位点，50% 以上的毕业生在国内和国际著名高校攻读硕士、博士学位；主要在城乡规划与建筑设计、现代设施农业装备、环境工程、生物能源开发等领域的政府机关、科研院校、规划设计与基建管理等部门就业，是国家紧缺人才。

就业单位

近 3 年有代表性的就业单位包括：农业工程规划设计研究院、现代农业装备研究所、设施装备和新能源等工程技术公司、政府机关、银行等单位。

2018 届本科生毕业去向

土木工程

培养目标

本专业培养能够适应国家现代化建设和未来社会发展需求，德智体美劳全面发展，具有较强的组织管理、沟通和研究能力，掌握设计、施工、工程经济、项目管理等方面扎实的专业知识，能够从事开发、设计、施工及项目管理等方面工作的通专结合的高级专业技术人才。

专业优势

中国农业大学土木工程专业培养学生掌握紧跟国际土木工程行业发展的专业知识、注重培养学生的科研创新能力，在学科前沿上探究前行。强调厚基础、宽视野，立足培养富有创新与实践能力的行业领军人才。本专业师资力量雄厚、结构合理，拥有教育部新世纪优秀人才、北京市教学名师、教授、副教授在内的高层次专业技术人才。本专业拥有门类齐全的先进仪器设备的实验室，以及国家级虚拟仿真实验教学中心。

未来发展

本专业具有土木工程硕士学位授予权，成绩优秀的本科生可推荐免试攻读硕士学位，实行本硕统筹培养。每年约35% 的毕业生在国内著名高校攻读硕士学位，约 5% 的学生与国外著名高校联合培养及深造，其他毕业生可在城市建设规划和管理、土木工程设计、房地产开发、工程管理等相关领域工作。

2018 届本科生毕业去向

就业单位

学生毕业后可在设计单位、施工单位、房地产开发公司、研究机构、各事业单位的基建部门从事设计、开发、施工管理等工作。近 3 年有代表性的就业单位包括：中国建筑工程总公司、中国铁路工程总公司、中国建设银行股份有限公司等。

COLLEGE OF SCIENCE

理学院

理学院下设应用化学系、应用力学系、应用数学系、应用物理系4个系。拥有农药学、农产品安全及化学一级学科博士点，与信息与电气工程学院共建了计算机科学与技术博士学位点；设有化学、数学、力学一级学科及农药学、农产品安全、生物物理硕士学位点。农药学是国家“双一流”“985工程”“211工程”重点建设学科，设有博士后流动站；化学专业是全国农林院校唯一的“国家化学理科基础科学研究和教学人才培养基地”。

理学院师资力量雄厚，结构合理：现有教工172人，专职教师147人，其中教授53人、副教授78人；具有博士学位的教师有114人；北京市教学名师4人。教师队伍中的70%以上来自国内著名大学或研究院所。

理学院目前还承担着数十项国家科技创新项目、国家自然科学基金重点及面上项目，SCI论文发表在学校名列前茅，研究成果获得数十项科技发明专利，并多次获国家和省部级奖励。

学院重视学生培养工作，把育人为本、全面发展、德育为先作为教育理念，把培养和造就高素质合格人才当作首要任务，以学生的健康成才为中心，做到两个坚持——“坚持以人为本、学生第一；坚持对学生既满腔热情，又严格要求”，积极推进以德育和能力为核心的素质教育，为学生的健康成才营造积极向上的学习生活环境，为学生素质全面提高搭建自我发展的平台，荣获各种教学成果奖励。

2019年，化学专业和应用化学专业按化学类招生，一年级实施统一的基础教学，从二年级开始，学生可根据本人意愿、就业意向，同时根据学科发展需要以及教学资源等情况选择其中一个专业继续学习；数学与应用数学专业和工程力学专业按专业招生。

电话 010-62736563
010-62732889
邮箱 rxj@cau.edu.cn
lfen@cau.edu.cn
网址 sci.cau.edu.cn

化学

培养目标

按照“宽口径、厚基础、强实践、重创新、国际化”的原则，根据化学科学发展趋势，充分利用学科优势，培养思想道德端正、综合素质高、数理化基础知识扎实，系统掌握化学科学基础知识、基本理论和基本实验技能，能够适应国家社会经济发展和现代农业发展的需求，具有国际视野和主动获取知识的能力，能够深入开展化学及相关科学研究的创新型人才。

专业优势

化学是一门历史悠久而又富有活力的学科，是人类用以认识和改造物质世界的主要方法和手段。中国农业大学化学专业是由我国首个农药学专业发展而来，是“教育部特色专业”和“北京市特色专业”，也是教育部设置于农林院校唯一的化学专业国家理科基础科学研究和教学人才培养基地（化学）；化学学科是进入 ESI 全球前 1% 的学科之一。学院拥有雄厚的师资队伍和科研条件，设有化学一级学科博士点、硕士点，拥有北京市化学实验教学示范中心。

核心课程

无机化学、有机化学、有机化学实验、物理化学、物理化学实验、定量分析化学、仪器分析、结构化学、农药学概论、高等有机化学、综合化学实验等。

未来发展

学生毕业后可免试推荐、报考硕士研究生，或直接攻读博士学位（直博研究生）及出国深造，推荐免试研究生比例约 40%，每年约 75% 的毕业生在国内外攻读研究生，包括中国科学院、北京大学、清华大学及美国、英国、日本等国家的著名大学。

就业单位

除了读研以外，约 20% 的毕业生从事化学相关的工作。近 3 年代表性的就业单位包括：国家各部委、国家知识产权局、国际农化公司等。

2018 届本科生毕业去向

应用化学

培养目标

按照“宽口径、厚基础、强实践、重创新、国际化”的原则，根据应用化学科学发展趋势，充分利用学科优势，培养思想道德端正、综合素质高、数理化基础知识扎实，系统掌握化学科学基础知识、基本理论和基本技能，具有国际视野和主动获取知识的能力，能够适应国家社会经济发展和现代农业发展需求，深入开展应用化学及相关科学研究的创新型人才。

专业优势

应用化学专业的前身是中国农业大学农药学专业，是由我国农药学科奠基人黄瑞纶先生于 1952 年创建的，是我国第一个农药学专业和农药学国家重点学科，也是最早拥有农药学博士、硕士学位授权点的专业。现有农药学学科博士后流动站、农药学和农产品安全博士点、硕士点。农药学科历史悠久、学术沉淀深厚、研究方向齐全、师资力量雄厚、教学科研紧密同实践相结合，广泛地与美国、日本、英国等多个国家及国内外相关权威机构深入开展学术交流与合作。

核心课程

无机化学、有机化学、有机化学实验、物理化学、物理化学实验、定量分析化学、仪器分析、结构化学、农药学概论、农药生物测定与毒理学实验、综合化学实验。

未来发展

学生毕业后可免试推荐、报考硕士研究生，或直接攻读博士学位（直博研究生）及出国深造，推荐免试研究生比例约 40%，每年约 75% 的毕业生在国内外攻读研究生，包括中国科学院、北京大学、清华大学及美国、英国、日本等国家的著名大学。

就业单位

除了读研以外，约 20% 的毕业生从事应用化学相关的工作。近 3 年代表性的就业单位包括：国家各部委、国家知识产权局、国际农化公司等。

2018 届本科生毕业去向

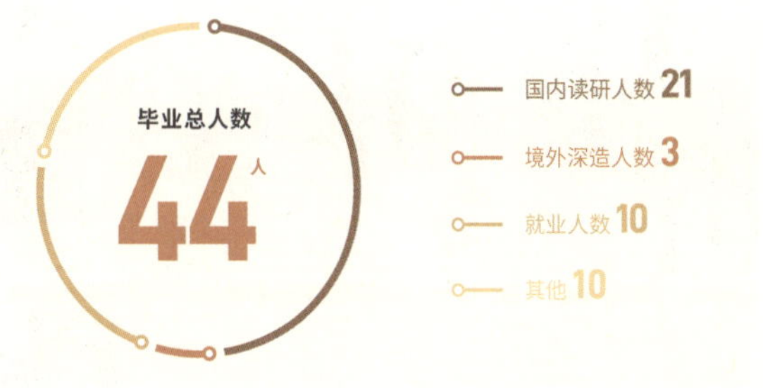

工程力学

培养目标

具备雄厚的力学、数学理论基础，卓越的分析、综合应用能力，熟练掌握理论、计算和实验等研究方法和工具，在企业及研究机构中胜任强度、振动和计算机仿真模拟等方面的设计、开发、管理和研究的高级技术人才。

专业优势

培养方向：计算方向，着重软件应用与开发；强度方向，突出破坏、刚度与稳定性综合分析。培养特色：重视基础训练，就业适应面广，考研录取率高。每年有 40% 左右毕业生考取研究生，其中大多数就读北大、清华、中科院力学所、北航、北理工、北交大等校所，该项指标在我校各专业中名列前茅。

核心课程

理论力学、材料力学、弹性力学、流体力学、机械振动、有限元法、实验力学。

未来发展

工程力学是一门理论性较强、与工程技术联系密切的基础学科，在现代土木、交通、机械、水利、航空航天、生物、材料等行业均有广泛的应用。本专业学习机构与结构的运动、振动、强度和稳定性分析方法，为设计提供科学的依据，为可靠性和经济性建立评价方法，在国民经济建设中起重要作用。

就业单位

毕业生可到机械、车辆、航空、土木、水利、房地产等类企事业单位，从事设计、计算和强度分析等工作。有代表性的单位主要包括：中航集团、国家地震局、中核、中石油、一汽集团等。

2018 届本科生毕业去向

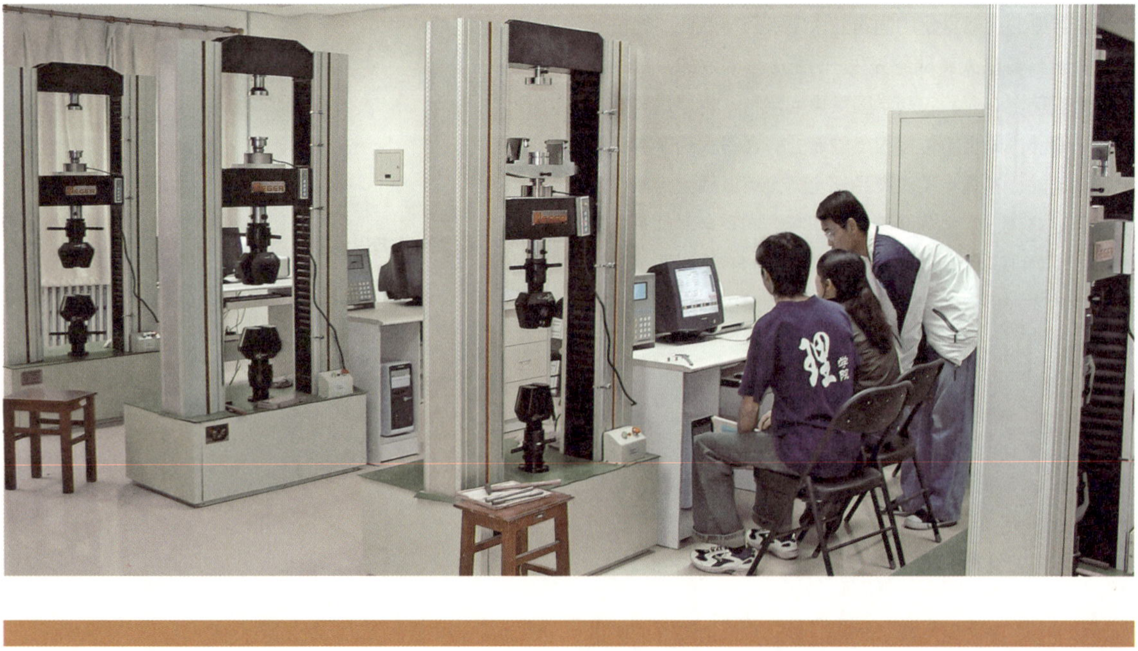

数学与应用数学

培养目标

本专业培养掌握数学科学的基本思想、理论与方法的数学人才，经过 4 年的系统学习，学生受到科学研究的严格训练，具备运用数学知识和计算机技术解决实际问题的能力，能在科技、教育管理和其他部门从事研究、教学、管理工作。

专业优势

数学与应用数学专业是从事其他相关专业的基础，无论是进行科研数据分析，还是从事金融保险、生命科学技术等，都离不开相关的数学知识。中国农业大学的数学学科是全国农林院校中最早设立应用数学硕士点的学科，目前已形成涵盖本科、硕士和博士教育的多层次人才培养体系，并为大一新生配备导师，助力其健康成长。近几年，本科生每年深造率（保研、考研、留学）超过 50%，培养的本科生数学基础扎实、知识面宽、创新能力强。近 4 年本科生发表 SCI 论文 18 篇，在全国和美国大学生数学建模竞赛（简称美赛）中获省部级及以上奖励 79 人次，其中全国一等奖 7 人次、全国二等奖 5 人次、美赛 M 奖 11 人次、获得北京市先进班集体 3 个。

核心课程

数学分析、高等代数、解析几何、常（偏）微分方程、复变函数、抽象代数、实变函数、泛函分析、概率论、数理统计、数值分析、最优化方法、数学实验、数学软件综合训练等。

未来发展

毕业生可在科技、教育、经济和金融部门从事科研、教学工作，或在生产经营及管理部门从事实际应用、研究开发和管理工作；可继续在国内外知名高校的数学、统计学、计算机科学、经济学、管理学、生物学等学科攻读硕士或博士学位。

就业单位

有代表性的就业单位包括：北京神州数码控股有限公司、比亚迪股份有限公司、北京首都航空有限公司、毕马威会计师事务所、平安养老保险股份有限公司北京分公司、中国中控网络、中学、银行系统等，还有的同学考取了政府公务员。

2018 届本科生毕业去向

COLLEGE OF ECONOMICS AND MANAGEMENT

经济管理学院

经济管理学院是我国首批招收硕士生和博士生的单位之一。学院现有农林经济管理和应用经济学 2 个一级学科博士学位授予权、工商管理一级学科硕士学位授予权、农业经济管理博士后流动站，其中农林经济管理一级学科下的农业经济管理二级学科是国家级重点建设学科。

学院现有农业经济管理、金融学、国际贸易学、产业经济学、食物经济与管理和农业经济史 6 个博士学位招生专业，农业经济管理、国际贸易学、产业经济学、金融学、企业管理、会计学和物流与供应链管理 7 个硕士学位招生专业，工商管理（MBA）、金融（MF）和会计（MPAcc）3 个专业硕士学位招生专业，农林经济管理、国际经济与贸易、金融学、工商管理、会计学和电子商务 6 个本科专业。学院下设农业经济、经济贸易、金融、工商管理、会计 5 个系，拥有中国农业大学 MBA 教育中心、实验教学中心和 10 多个研究中心和研究所。

电话 010-62736583
邮箱 cemjw@cau.edu.cn
网址 cem.cau.edu.cn

学院现有教职工 125 人，其中专职教师 103 人（教授 39 名、副教授及副研究员 52 名、讲师 12 名）。其中二级教授 3 人、教育部“青年长江学者”1 人、教育部新世纪优秀人才 3 人、北京市教学名师 2 人、北京市青年英才计划 1 人、北京市“四个一批”人才 1 人，国务院参事 1 人、国务院学位委员会委员 1 人、农林经济管理学科评议组 2 人、国家现代化产业技术体系岗位专家 5 人、北京市农业产业技术体系岗位科学家 1 人。教师中 90% 以上具有博士学位，70% 具有国外留学经历。学院在农产品市场与贸易、农村经济发展及农业产业化规划、产业组织、农业政策、涉农企业管理、产权理论、项目评估、信息化技术及其在农业中的应用、金融期货、农村金融与小额信贷、涉农企业会计等领域具有雄厚的研究实力和特色，在国内处于领先水平。目前，正在承担着 20 多项国家科技攻关、国家自然科学基金、全国社会科学基金等国家级项目，200 余项省部级课题、地方政府、企业委托及国际合作项目的研究工作。

学院具有广泛的国际联系，与美国、英国、日本、澳大利亚、德国等国外 20 余所大学及联合国粮农组织 (FAO)、经济合作和发展组织 (OECD)、世界银行、亚洲开发银行等多个知名的国际机构有着密切的学术和信息交流关系，在师资培训、留学生培养和承担科研项目上进行着广泛的合作。

经济管理学院 2019 年本科按经济学类和工商管理类两大类招生，经济学类包括农林经济管理、国际经济与贸易和金融学 3 个专业，工商管理类包括工商管理、会计学和电子商务 3 个专业。一年级实施统一的基础教学，一年级期末时，所有学生（含转专业学生）可根据本人专业兴趣、就业意向及学院教学资源情况选择其中一个专业继续学习，其中农林经济管理专业全院选拔不超过 30 人、金融学专业分流 70 人左右、国际经济与贸易专业分流 35 人左右、工商管理专业分流 35 人左右、会计学专业分流 70 人左右、电子商务专业分流 20 人左右。

本科专业核心课程一览

相同核心课程

微观经济学 / 宏观经济学 / 金融学
应用统计 / 计量经济学 / 社会经济调查方法

不同核心课程

农业经济学 / 产业组织学
食物经济学 / 发展经济学
专业综合实践训练

不同核心课程

国际贸易理论 / 国际贸易实务
国际商法 / 国际市场营销
国际交易平台实训

不同核心课程

会计学原理 / 投资学
商业银行业务与经营
公司金融 / 金融风险管理
专业综合实践训练

不同核心课程

会计学原理 / 运筹学 / 管理信息系统
市场营销 / 运营与供应链管理
人力资源管理 / 战略管理
创业模拟训练

不同核心课程

运筹学 / 管理信息系统
电子商务导论 / 网络技术
运营与供应链管理 / 网络营销
电子商务综合实训

不同核心课程

金融学 / 会计学原理 / 财务会计
管理会计 / 财务管理 / 审计学
经济法 / 会计模拟综合实训

相同核心课程

微观经济学 / 管理学原理 / 应用统计
社会经济调查方法

农林经济管理

培养目标

本专业依托国家重点学科优势，以践行社会主义核心价值观为宗旨，培养适应经济社会发展和农业现代化建设需要，拥有广博的人文社会科学素养，掌握扎实的农林经济管理基本理论、专业技能和方法，熟悉国内外农林经济管理实践前沿与最新发展，具备良好的实践应用、沟通协调和创新创业思维能力，能够胜任政府部门、国内外教学科研机构、各类企业工作需要的国际化、复合型、研究型专门人才。

专业优势

中国农业大学是国内最早设立农林经济管理专业的高校之一，目前已有 90 年的历史，为民族和国家输送了大批农林经济管理专业人才。专业发展以“经国济民”为己任，形成了一批有国际影响力的教学科研团队，29 名专任教师中有二级教授 3 人、国务院参事 1 名、北京市教学名师 1 名、青年长江学者奖励计划 1 名和国家现代农业产业技术体系岗位专家 6 名。本专业师资团队围绕农业产业、农村发展和农民工问题开展了系列研究，为国家“三农”政策提供了诸多有影响力的建议。本专业已经在河北、黑龙江、安徽、山东等地建立了科研实践基地，致力于提升学生素质与能力；也与国外高校建立了合作关系，在校生均会获得短期交流和“2+X”培养等机会。

未来发展

本专业依托全国首批卓越农林人才培养项目和全院优选的“卓越班”，致力于培养研究型人才，毕业生中有超过 60% 的人才可继续在国内外深造，学院为优秀生出国深造提供各种支持。选择直接就业的学生，主要在中央政府和各级地方政府的相关部门从事管理和政策研究工作，或进入教学科研机构以及企事业单位从事国际贸易和市场营销等工作。后续职业发展中，可继续选择硕博士项目进行深造，或者通过相应资格考核后从事高级专业技术岗位或中高级管理岗位。

就业单位

近 3 年有代表性的就业单位包括：国家统计局、北京市地税局、北京市大兴区政府、中共北京市房山区委、中国农业银行等股份制银行、中国农业发展银行、中国农业出版社等。

2018 届本科生毕业去向

国际经济与贸易

培养目标

本专业培养具有扎实的经济与贸易类专业基本理论、方法和技能，熟悉国际通行的经贸规则和惯例，熟悉国际贸易实务，熟练掌握外语且具有良好的沟通、协调和创新、创业能力，具有较高道德素质、践行社会主义核心价值观，能胜任外资企业、外贸公司、涉外金融部门和政府机构工作的国际化、复合型专门人才。

专业优势

中国农业大学是农业领域国际经济与贸易教育的领导者与先行者，现有教师 24 名，其中教授 9 名，副教授 15 名，博士生导师 10 名，拥有“大北农”教学名师 2 人、教育部新世纪优秀人才 2 人，多名 WTO 谈判专家和国际投资协定谈判专家，在农产品国际贸易、农产品市场与政策等领域的理论研究处于全国前列。在世界经济一体化和中国“一带一路”倡议背景下，国际经济与贸易专业以农业为特色，以国际投资、国际贸易和国际营销为核心，培养农业行业国际商务领军人才。

未来发展

学生毕业后可选择直接就业或继续深造。毕业生可在对外贸易及相关领域的行政管理和科研部门工作，也可在国际机构、外贸公司、跨国公司、拥有外贸经营权的企业和其他涉外经贸部门工作。本科毕业后也可在本校或其他学校继续攻读硕士和博士研究生，或是选择出国深造。每年有一半的学生在国内攻读研究生或出国深造。

就业单位

本科生毕业后主要去往与国际经济与贸易有关的企事业单位或政府部门。近 3 年有代表性的就业单位包括：中国对外贸易促进委员会、国家统计局、北京出入境检验检疫局、苏宁云商集团股份有限公司、恒远经贸公司、中国黄金集团、北京佳鹏羽丰国际贸易有限公司等。

2018 届本科生毕业去向

金融学

培养目标

本专业培养掌握现代金融理论，熟悉银行、证券与金融市场等专业知识、熟悉各类金融工具的分析和运用，具备较强的数理分析、语言文字表达、人际沟通、团队协作、外语及计算机应用等基础能力，能够从事金融政策分析、金融产品研发、风险管理、投资资产管理和财富管理的金融综合性人才，或者能够在国内外教育科研机构继续攻读更高学位的合格后备人才。

专业优势

中国农业大学是国内较早开设金融学专业的高校之一，为中国农业金融领域输送了大批人才。专业师资力量雄厚，目前有北京市教学名师 1 名、农村金融和小额信贷领域国家级专家 3 名。农村金融和期货领域是本专业的传统优势和主要特色，已形成了具有理论与实践紧密结合的教学科研队伍，研究团队在农村金融政策制定、期货改革发展等方面有深厚影响力。目前，金融学专业有本科、硕士和博士连贯制的深造通道，专业也与世界银行等国际机构合作，培养国际化高级金融人才。

未来发展

本专业毕业生在金融相关领域具有较强的竞争力。每年约有 55% 左右的同学获得海内外深造的机会，其中超过 20% 的同学赴海外深造；直接就业的同学基本上在各类商业银行和投资银行，证券、基金、信托等公司，政府部门等找到满意的工作。后续职业发展中，学生可以继续深造或者考取国内金融相关行业从业资格证书、国际特许金融分析师等相关职业资格证书，从事高级专业技术职业和高管工作。

就业单位

近 3 年有代表性的就业单位包括：人民银行、银监会、国税局、省财政厅、省金融办公室等政府机构或事业单位；工、农、中、建等股份制银行，北京农商银行等农商银行，渣打银行等外资银行，华林证券等证券公司、中航基金等基金公司、合众保险等保险公司及会计师事务所；中煤能源集团有限公司等大型企业。

2018 届本科生毕业去向

工商管理

培养目标

本专业培养系统掌握管理学、经济学等基础理论知识和现代企业管理专业知识，掌握现代企业管理的定性、定量分析方法，了解本学科理论前沿和动态，熟悉我国经济管理的政策法规及国际工商企业管理规则，具备较强的语言文字表达、人际沟通、团队协作、外语及计算机应用、知识获取等基础能力，现代企业管理的专业能力，以及解决实际问题和创新创业的综合能力，具有践行社会主义核心价值观所需的人文科学素质和专业素质，可从事管理工作的高级复合型应用人才。

专业优势

本专业是全国较早设立的以理工科为主的工商管理类专业，在涉农企业管理领域具有国内领先地位。专业师资力量雄厚，23 名专任师资团队中有教授 6 名，博士生导师 8 名，国家级农产品市场专家 3 名。师资团队在农业品牌、农业产业化和物流与供应链管理领域独具特色，并在全国具有一定影响力。专业建设方面“强理论，重实践”，与燕京、汇源、当当、天猫等 20 余家企业建立实习实训基地合作，通过顶岗实习提升学生运营实操能力、市场竞争力和创新创业能力。

未来发展

本科毕业生在企事业单位具有较强的竞争力。每年约有 35% 的学生在国内外继续深造，攻读硕士或博士学位；直接就业的毕业生中有 50% 的同学从事企事业单位涉农企业的经营管理，农产品市场营销、公务员等工作，另有 15% 的毕业生选择自主创业。后续职业发展中，学生可继续深造或者考取国内外各类证书，通过攻读工商管理硕士（MBA）等项目从事企事业单位的中高层管理工作。

就业单位

近 3 年有代表性的就业单位包括：中国电建集团铁路建设有限公司、中国路桥工程有限责任公司、北汽福田汽车股份有限公司、苏宁电器、首农集团、中国农业银行、中国交通银行、北京市公安局、会计师事务所、各级公务员（村干部）等。

2018 届本科生毕业去向

会计学

培养目标

本专业培养适应经济社会发展需要，掌握扎实的经济、管理、法律和计算机基础知识以及全面的会计专业理论、方法和技能，具备良好的会计实务操作能力、数据处理和分析能力、创新创业能力和沟通技巧，具有践行社会主义核心价值观所需的人文素质、科学精神、诚信品质以及身心体魄素质，能够胜任各类企事业单位、政府部门等工作要求，从事会计、审计、财税管理等方面工作的专门人才。

专业优势

本专业的使命是“根植沃土、账量天下”。专业培养遵循宽口径、厚基础、重实践、国际化的要求，注重培养学生的专业能力和综合素质。本专业拥有北京高等学校市级校外人才培养基地 1 处，实施“边学习、边实践，再学习、再实践”培养模式，践行“知行合一”的培养方式，实现学生专业能力和综合素质螺旋上升，毕业后可直接从事会计相关工作。通过主要专业课程的双语教学提高学生国际化沟通和工作能力，为学生出国深造和进入国际职场提供支撑。

未来发展

本专业毕业生在相关职业领域竞争力强，发展潜力大。每年有一半以上的同学获得继续深造机会，其中有约 20% 同学赴海外留学深造，选择就业的同学也能够在各级政府部门和非营利组织、各类企事业单位等心仪的行业领域和地区找到会计专业相关的工作。在后续的职业发展中，学生可报考国家注册会计师以及国际和一些发达国家的相关执业资格证书。毕业后如从事会计相关工作，通过必要的考试和程序，还可以获得“中级会计师”“高级会计师”等职称。

就业单位

近 3 年代表性的就业单位包括：中国国际航空有限责任公司、中粮集团、普华永道会计师事务所、瑞华会计师事务所、中国工商银行、中国银行、北京市国家税务局、北京市地方税务局等。

2018 届本科生毕业去向

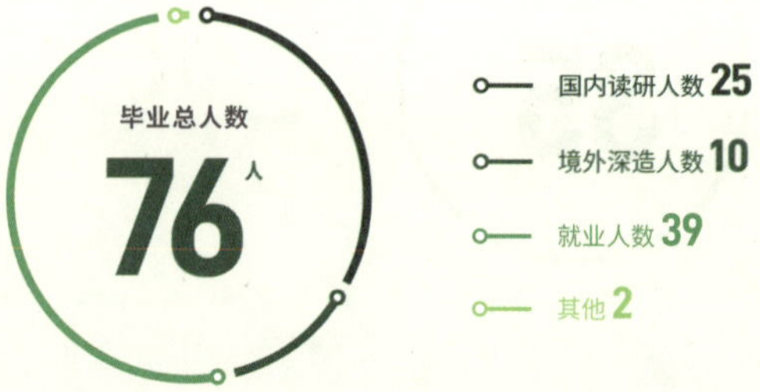

电子商务

培养目标

本专业是培养具备现代经济科学和管理科学基本理论知识，熟悉电子商务信息系统、网络经济、网络营销基本原理，掌握电子商务网络技术应用、系统分析设计、体系化思维方法，在身心、道德、文化、专业素质等方面全面发展，具有践行社会主义核心价值观所需的人文素质、诚信品质以及创新精神和创业意识，能够为企事业单位的“互联网 + 商务”提供运营决策支持的复合型专门人才。

专业优势

本专业是集经济学、管理学以及计算机科学为一体的新兴交叉学科，为“互联网 +”行业培养定制化人才。专业师资团队在农产品电子商务领域具有特色和优势，是“中国农产品电子商务论坛”的创建发起人，在农产品电子商务的战略咨询、实践研究和社会服务等方面在国内有较大的影响力。十多年的专业建设中，教学科研团队一直将理论研究应用于实践，以京郊农产品电商企业为专业教学和科研的实践对象，建立了一支服务涉农企事业单位的专业化电子商务队伍。

未来发展

本专业毕业生可继续深造或者直接就业。直接就业的学生在涉农企事业单位的特定岗位上具有很强的竞争力，能在农工商企业从事生产、经营、服务等电子商务业务，以及在国家行政管理部门、事业单位、科研院所等部门岗位工作。后续职业发展中，可继续攻读硕博士项目或者通过相应的专业技术考试后胜任高级专业技术岗位和中高级管理岗位。

就业单位

近 3 年有代表性的就业单位包括：阿里巴巴、百度、京东、去哪儿、开心网、中信集团、中孚财富、北京科委、中国邮政等。

2018 届本科生毕业去向

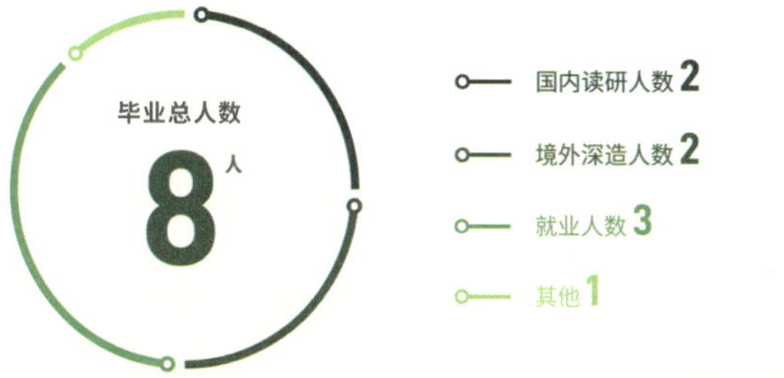

COLLEGE OF HUMANITIES AND DEVELOPMENT

人文与发展学院

人文与发展学院践行“重拾人文精神 讲好发展故事”的院训理念，牢记社会责任，培养具有深厚的人文情怀、学术底蕴和实践经验的开放型、国际型和复合型人文社会科学人才。

学院人才培养体系完善、结构合理、特色突出。学院设有发展研究与社会政策系、发展管理系、社会学与人类学系、法律系、媒体传播系、外语系 6 个系。本科招生专业包括农村区域发展（含国际发展实验班）、社会学、法学、传播学和英语等 5 个，同时设有法学、传播学、英语和日语双学位专业，拥有公共管理和社会学 2 个博士学位授权一级学科、法学和新闻传播学 2 个硕士学位授权一级学科。

学院坚持扎根乡土、扎根乡村，紧扣“三农”重大主题，探寻国家发展和乡村变迁的轨迹，业已形成特色鲜明的研究领域，在发展研究、农政转型、农业文化、农村法治、乡村传播等方面取得了丰硕的学术成果，力争成为国内“三农”问题与发展研究的学术中心和重要“智库”，逐渐成为“农政变迁”研究的国际学术中心。

学院与耶鲁大学、康奈尔大学、伦敦政治经济学院、伦敦大学亚非学院、瓦赫宁根大学、苏塞克斯大学等多所欧美知名高校，以及俄罗斯、巴西、南非等金砖国家的科研院所保持紧密的合作关系，国际化发展程度在国内人文社科类学院中首屈一指。通过“农政与发展”系列讲座等内容丰富、主题多元的讲座与学术会议，学院搭建了丰富的学术交流平台，构建起多样化的人才培养方式。

电话 010-62738525
邮箱 xiaoying@cau.edu.cn
网址 cohd.cau.edu.cn

农村区域发展

培养目标

本专业培养掌握农村发展管理理论和方法的复合型人才。要求毕业生掌握发展学科的基本理论、发展研究的基本方法、国际发展管理基本技能，具备在宏观政策、机构以及社区等多层面进行发展规划、项目实施、监测评估以及组织管理的能力。毕业生将成为从事农村发展研究、发展管理与发展实践的中高级人才，可就业于国内与国际的政府或非政府发展机构、政策研究与制定机构，以及非营利性组织等。

专业优势

本专业于 1998 年经教育部批准率先设立，2010 年开始下设国际发展方向，其内容聚集了发展领域的最新理论与研究成果。一方面侧重于研究适合中国农村发展的途径和方法，另一方面侧重于研究将中国发展的有效途径和方法应用于其他国家和区域的发展实践中。本专业的培养包括三部分：以参与式和案例教学方法为特色的课程学习，具有国内各单位、国际组织和海外实习基地良好条件的实践教学，以及充分发挥学生个人潜力与优势的导师制度。

核心课程

普通发展学、发展研究方法、参与式发展规划，发展项目管理、传播与沟通、跨文化交流、现代培训理论与方法、推广学、国际发展援助、社会学与发展、社会组织管理、农村发展政策等。

未来发展

毕业生可到政府的政策研究与制定机构、大专院校、研究所等教学研究机构（如发改委、农业部、商务部、社科院、农科院等），国际国内发展机构（如中国扶贫基金会、中国国际扶贫中心、全球环境基金、联合国开发计划署、世界银行等），地方政府机构（如全国各省区直辖市的行政单位），管理咨询机构以及国内大中小型企业（如大通国际物流总公司、中国移动、北京华为等），从事管理、研究、教学、咨询工作，以及国际发展合作等工作。毕业生可报考本校和国内其他院校的硕士研究生，或申请到国外知名大学深造。

2018 届本科生毕业去向

法学

培养目标

本专业培养德智体美劳全面发展,具有社会主义法治理念、社会责任、职业伦理、专业知识、执业技能的高层次法律人才。学生应系统掌握法学专业知识，了解国内外法学发展动态；具有优秀的文字和口头表达能力、逻辑思辨和论证能力，具备运用法律规定解决法律问题的能力；具备熟练掌握一门以上外语的听说读写译能力；达到大学生体育健康合格标准，具备健全的心理、健康的体魄和较强的社会适应能力。

专业优势

法学专业从 1993 年开始招收本科生。本专业有专任教师 23 人，其中，教授 3 人、副教授 19 人、讲师 1 人。本专业拥有中国农业大学模拟法庭和农民权益保护诊所 2 个校内实践教学基地；还在北京市海淀区法院、北京市两高律师事务所等单位建立了校外法律实践教学基地。

核心课程

法理学、宪法、民商法、刑法、经济法、诉讼法、国际法、行政法、农业法等。

未来发展

学生毕业后可选择就业，或在国内国外深造，可选择在中国农业大学（本专业有法学硕士一级学科授权点，方向为经济法学、民商法学、资源与环境法学）深造，也可选择到其他高校深造。在依法治国的时代背景下，本专业学生未来的发展前景广阔，前途无限。

就业单位

学生毕业后可到法院、检察院、公安机关、律师事务所、仲裁机构等单位从事法律工作，也可以到党政机关、企事业等单位从事与法律相关的工作，就业领域十分广阔。

2018 届本科生毕业去向

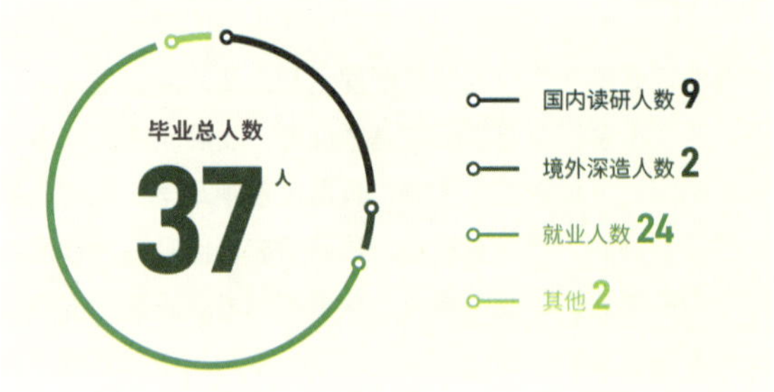

传播学

培养目标

本专业培养具有人文社会科学和自然科学的复合知识结构，掌握系统的新闻传播及相关学科理论知识，具有传播、新闻、影视等全面专业技能，了解媒体发展趋势和中国“三农”问题，具备国际视野，适应社会发展需要的高素质传播人才。

专业优势

本专业属国内在本科层次第一批开设，目前有专任教师15名、实验教师3名，其中教授2名、副教授9名，大多数老师具有国外留学和访学经历，承担着国家社科基金、教育部、科技部、农业部、国家广播电视总局等部委及北京市的多项科研项目。本专业建有齐全的现代媒体实验中心，能满足多层次的传播实验实践教学。

核心课程

传播学概论、新闻学概论、中外新闻传播史、影视导论、新媒体导论、传播伦理与法规、新闻采访与写作、影视技术与艺术、新媒体技术与艺术、纪录片理论与实务等。

未来发展

毕业生可胜任各类媒介机构的专业工作，也可在党政机关、企事业单位及其他社会组织从事宣传、公共传播工作以及艺术创作与传播工作。

就业单位

代表性的就业单位有：CCTV、BTV、凤凰卫视、上海文广（上海卫视）、新华社（新华网）、中国政府网、搜狐网、腾讯网、网易、中央人民广播电台、中国国际广播电台、体坛周报、阿里巴巴集团、海南航空公司等。学生毕业后，也可在传播学、新闻学、广播电视艺术学、电影学、广告学、媒介经营管理等相关专业继续深造。每年有30~35%的同学保研考研，15%~20%的学生出国留学。

2018届本科生毕业去向

社会学

培养目标

本专业要求学生掌握现代社会学的基本理论和研究方法，同时具有组织协调和社会管理能力、科学研究和社会实践能力，以及创新性思维能力，培养德才兼备的党政机关管理人才、市场调查人员、社会工作者、社会学研究人员，特别是培养新时代急需的社会发展、社会保障、城乡社区建设、企事业单位管理和研究等方面的专门人才。

专业优势

本专业在全国农村社会学学科领域中位列前茅，形成了以“三农”为重点的教学与科研特色。本专业具有社会学一级学科硕士及博士学位授予权，涵盖社会学、人类学、社会工作、社会政策和发展研究等学科方向，拥有雄厚的师资力量和丰富的教学经验。绝大多数教师具有博士学位，并具有海外学习或研究的经历。本专业重视实践教学，在北京、河南、河北等地建有实习基地。

核心课程

社会学概论、经典社会学理论、现当代社会学理论、社会学研究方法、社会统计学、中国社会思想史、社会心理学、农村社会学、发展社会学、社会工作概论等。

未来发展

毕业生可保送或报考本院或国内其他院校的农村发展与管理、社会保障、社会学、人类学、农业推广等方向的硕士研究生，或申请到与我院有合作关系的国外大学继续深造。毕业生可在党政机关、企事业管理部门、市场调查公司、报社等从事管理、研究、咨询工作。

就业单位

本专业较大比例的毕业生在本校及中国人民大学、美国加州大学戴维斯分校、英国利兹大学等海内外学校继续深造。主要的就业单位类型为：党政机关、市场调查与咨询公司、高校和研究机构。

2018 届本科生毕业去向

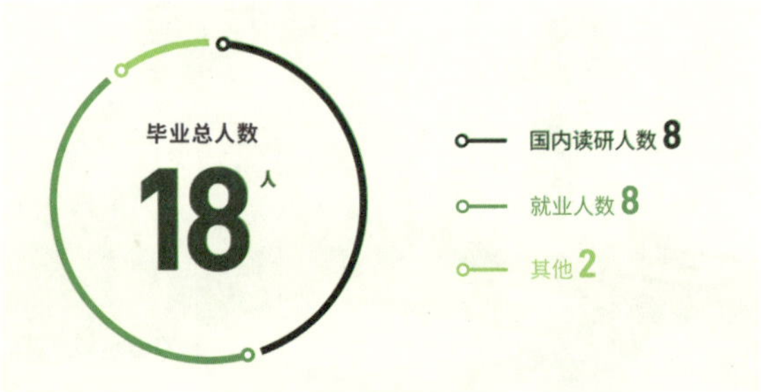

英语

培养目标

本专业培养具有扎实的英语语言基础知识和广博的文化知识，能在农业、外事、新闻、教育、文化等领域从事英语教学、翻译、研究等工作，在商务、经贸等领域从事管理、国际贸易等工作，在旅游、IT 等领域从事导游、专业翻译管理等工作的应用型、复合型英语人才。毕业生英语专业水平在 4～8 级之间，日语运用能力达到较熟练水平。

专业优势

本专业拥有一支高素质的师资队伍，现有教授 2 人、副教授 39 人，长期聘有来自英国、美国、加拿大等国的外教多名。本专业围绕社会经济发展需求，发挥中国农大学科优势，实行“多元化生源 - 导师制教学 - 个性化实训 - 多渠道就业”的人才培养教育模式，培养具有扎实中英双语互译功底、兼具农科专业基础知识的高层次、应用型翻译人才。外语系教学设施齐全，配备现代化语言实验室、多功能礼堂及多媒体网络教室，建有多个网络学习平台，可充分满足本学科教学实践的各项需求。

核心课程

基础英语、英语阅读、英语听力、英语口语、英美社会与文化、英国文学、美国文学、翻译概论、英汉翻译、英语口译等。

未来发展

随着我国发展日趋国际化，尤其是“一带一路”倡议的实施，各行业对于精通外语且具有高素质的综合性人才需求量骤增，本专业具有良好的就业形势。

就业单位

本专业翻译方向的毕业生，因具有专业领域知识的高层次翻译能力，就业前景十分广阔。近年来学生毕业后去向为政府、事业单位、培训机构、科研机构、公司企业等。

2018 届本科生毕业去向

INTERNATIONAL COLLEGE
BEIJING

国际学院

中国农业大学国际学院创立于 1994 年，是我国首批开展中外合作办学院校之一。作为学校开展国际化教育的窗口，国际学院围绕学校“建设中国特色、农业特色的世界一流大学”的总体目标，秉承“引进、融合、创新、发展”的办学理念，通过引进国际优质教育资源，融合中外先进文化思维，创新人才培养机制，建设特色鲜明的一流国际化学院，引领学校国际化教育，助推学校“双一流”建设。

学院采用全英文授课模式（思政课除外），70% 以上师资为外籍教师。25 年来，学院围绕学校本科人才培养的总目标，坚持“以学生为中心”，注重人的全面发展和完整人格的塑造，培养具有家国情怀、富有社会责任感和使命感、具有国际视野、通晓国际规则、具有国际竞争力的创新型国际化人才。

70%
以上为外籍教师

100%
全英文授课

电话 010-62737792
010-62737793
010-62737794
邮箱 icbzsb@cau.edu.cn
网址 icb.cau.edu.cn

2005 获得北京市教育教学成果二等奖

2006 国际学院被英国大使馆文化教育处授予“雅思全球认可院校”

2009 获得第六届高等教育国家级教学成果二等奖

获得北京市教育教学成果一等奖

2010 被英国大使馆文化教育处认定为“英国首相行动计划合作院校”

2011 被中国（教育部）留学服务中心列为“国际化教育战略合作伙伴院校”

教育部考试中心和英国大使馆文化教育处在国际学院设立国际英语语言测试系统（雅思考试）考点

2015 国家汉办 / 孔子学院总部在国际学院设立汉语水平考试（HSK）网考考点

2016 国际学院成为中国高等教育学会中外合作办学研究分会副理事长单位

2018 通过教育部本科教学工作审核评估并获专家组高度认可

2019 中国农业大学 - 美国科罗拉多大学（丹佛）合作办学项目通过美国高等教育委员会（HLC）教学质量评估

中国农业大学 - 美国科罗拉多大学（丹佛）合作办学项目

项目优势

中国农业大学与美国科罗拉多大学（丹佛）于 1994 年联合开办中外合作办学本科教育项目（简称中美科罗拉多大学合作办学项目），是国内成立最早的合作办学项目之一。

招生录取方式：国家统招和计划外单招。

项目实行学分制管理，课程设置、教学方法、考核标准、教材等均与科罗拉多大学（丹佛）相应专业一致，学生所获学分均可获得全美其他大学的认可。此外，项目还开设有数学、经济学、传播学、哲学、国际研究、地理学等辅修学位课程，以满足学生对不同领域课程兴趣的需求。国家统招生和计划外单招生均列入学校统一管理，统招生达到毕业要求，可获得中国农业大学毕业证、学位证书及美国科罗拉多大学学位证书；单招生达到毕业要求可获得美国科罗拉多大学学位证书。

学制

学分制，需修满思政必修课 16 个学分及专业规定的 120 个学分，学生可在中国农业大学学习 4 年或通过选拔在第 3 年赴美交流学习 1～2 年。

学费

学年	国家统招生 国内学习费用 /元	计划外单招生 国内学习费用 /元
第 1 年	78000	83000
第 2 年	95000	100000
第 3 年	95000	100000
第 4 年	95000	100000

注：
学费标准基于每位学生每年 26~34 学分的学时量。学生赴美学习期间不再缴纳中方学费，美方学分费按照科罗拉多大学（丹佛）国际学生标准收取。

本项目下设 2 个专业

国际经济与贸易（经济学）

◉ **统招报考专业名称：国际经济与贸易（中外合作办学）**

培养目标

培养具备扎实的经济学基础理论和专业知识，能适应全球经济发展一体化趋势，熟练掌握并运用现代经济分析方法解决现实问题，具有国际视野，熟悉国际规则，能够在国内外企业、政府管理部门、研究机构等从事经营、管理、研究和政策分析工作的国际化创新型人才。

核心课程

宏观经济学、微观经济学、数理经济学、应用统计学、计量经济学、国际贸易、货币银行学、发展经济学、劳动经济学等。

传播学

◉ **统招报考专业名称：传播学（中外合作办学）**

培养目标

培养通晓传播学领域理论，掌握媒体传播基本技能，具有国际视野，熟悉国际规则，能够在广播电视、互联网、移动网络、新媒体、融媒体等领域从事创意策划、品牌建设、媒体制作、营销和管理等工作的国际化创新型人才。

核心课程

传播学理论、人际传播学、大众传播学、组织传播学、网络传播学、商业交流与沟通、领导力理论、演讲技巧、广告学、跨文化传播学等。

中国农业大学 - 美国俄克拉荷马州立大学合作办学项目

项目优势

中国农业大学与美国俄克拉荷马州立大学联合举办的农林经济管理（农业商务）专业中外合作办学项目（简称中美俄克拉荷马州立大学合作办学项目）于 2013 年开始招生，是我国首个该专业领域的高水平中外合作办学项目。项目融合中美两校在农林经济管理专业上的优势，旨在实现“强强联合、优势互补”的高端人才培养模式。

招生录取方式：国家统招。

项目由两校联合管理委员会负责教育质量控制，课程由两校选派师资共同承担。学生在美国交流学习期间可选择“农业商务”专业下的国际、法律、金融、农场和牧场管理等专业方向。学生在满足中外两校毕业要求后，可获得中国农业大学毕业证、学位证书及美国俄克拉荷马州立大学学位证书。

学制

学分制，需修满思政必修课 16 个学分及专业规定的 120 个学分。国内学习 2 年后，第 3、4 年可赴俄克拉荷马州立大学出国交流学习 1～2 年。学生在修满俄克拉荷马州立大学 32 个驻地学分，累计 GPA 不低于 2.0，且达到获得该学位的其他要求，即可申请获得俄克拉荷马州立大学学士学位。

学费

国内学费 6 万元人民币 / 学年；学生赴美学习期间不再缴纳国内学费，但需要缴纳美方入学申请费和美方学分费，学分费按照俄克拉荷马州立大学国际学生标准缴纳。

赴俄克拉荷马州立大学交流学习的学生，如 GPA ≥ 3.25（满分 4），每年可获得 5000 美元的国际学生奖学金。

本项目下设专业

农林经济管理（农业商务）：

◉ **统招报考专业名称：农林经济管理（中外合作办学）**

培养目标

培养具备农林经济管理的基础理论与专业知识，掌握现代农业商务的基本技能，能够应用经济学与管理学方法，分析研判国内外经济现状及发展趋势，处理企业的经营管理和国际农产品贸易事务，具有国际视野，熟悉国际规则，能够在国内外企业、研究机构及政府管理部门从事经营、管理、研究和政策分析等国际化创新型人才。

核心课程

农业经济学、宏观经济学、财务会计、管理会计、中级宏观经济学、中级微观经济学、农业经济数理分析、农业商务管理、农产品销售与价格分析、农业金融学、农业法、商品期货市场、农场和牧场高级管理、国际农产品市场、交易与发展前景等。

中国（教育部）留学服务中心 / 中国农业大学出国留学项目

项目优势

中国农业大学自 1997 开始，与美国、英国多所高水平大学联合建立国际化教育交流战略合作关系，并建立了多渠道的出国留学本科衔接项目。中国农业大学与中国（教育部）留学服务中心建立战略合作伙伴关系，并在中心指导下创办出国留学项目。

招生录取方式：计划外单招。

国内课程以语言课及国外大学本科前导课程为主，相关专业的课程设置、教学方法、考核标准、教材等均与国外合作大学衔接。学生在 3 ～ 4 年内完成国外合作院校所有的课程学习并通过考核，即可获得相应国外大学的学士学位，所获得的国外学位被我国教育主管部门承认并可办理国外学位认证。目前合作的国外大学主要有英国的赫瑞瓦特大学、德蒙福特大学、普利茅斯大学、贝德福德大学等。

学制

学分制，学生在国内学习 1 ～ 2 年，在国外大学学习 2 ～ 3 年。

学费

国内期间学费 6 万元人民币 / 学年；在国外合作院校学习期间，学费按照国外大学国际学生标准缴纳，不再缴纳国内学费。

本项目下设 3 个专业方向

国际金融类（包括会计与金融、国际金融、金融经济学、商务金融等专业方向）

培养目标

培养具备金融及财务的基础理论与专业知识，掌握金融业务的基本技能，能够运用经济学方法，分析金融活动，处理金融业务，研判国内外金融业发展现状和趋势，具有国际视野，熟悉国际规则，能够在国内和国际银行、证券、保险、信托等相关企业、研究机构及政府管理部门从事金融、财务及管理工作的国际化专业型人才。

核心课程

经济学、金融学原理、管理学、统计学、投资学、财务会计、公司理财、财务信息系统、财务报告、金融市场、商法、税法、审计、金融风险管理、计量经济学等。

国际商务类（包括商务与人力资源管理、跨国企业管理、财务管理、市场营销等专业方向）

培养目标

培养具备管理学及经济学的基础理论和专业知识，掌握现代企业管理基本技能，能够应用经济学与管理学方法，处理企业的管理与经营事务，具有国际视野，熟悉国际规则，能够在相关跨国企业、研究机构及政府管理部门等从事生产管理、人力资源管理、财务管理、市场营销等工作的国际化专业型人才。

核心课程

管理学原理、会计学原理、金融学、经济学、市场营销原理、国际人力资源管理、战略管理、运营与供应链管理、国际商务、商务环境、商法、组织行为学等。

信息科学类（包括人工智能、大数据、商务信息系统、网络安全等专业方向）

培养目标

培养具备扎实的数理基础和计算机软、硬件专业知识，掌握数据分析方法、软件工程理论和系统开发技能，熟悉信息安全相关技术和法规，能够研判信息技术的国内外发展动态和趋势，运用数学、信息工程、软件工程等知识，解决复杂工程问题，具有国际视野，熟悉国际规则，能够在相关企业、研究机构及政府管理部门等从事人工智能、大数据分析、网络安全等相关研发和管理工作的国际化专业型人才。

核心课程

离散数学、计算机组成与体系结构、程序设计、数据结构、数据库原理与实践、操作系统、计算机网络、人工智能、编译原理、软件工程、数据挖掘与机器学习、大数据管理、信息系统、数据通信与网络、网络安全工程等。

毕业生去向

国际学院毕业生中 90% 以上学生选择到美、英、澳等国高水平大学继续攻读硕士或博士学位，包括：伦敦大学学院、耶鲁大学、哥伦比亚大学、达特茅斯学院、康奈尔大学、杜克大学、剑桥大学、伦敦政经学院、墨尔本大学等；部分学生通过免试推荐到国内名校攻读硕士学位。学院 2018 届毕业生去向喜人：90% 左右毕业生攻读研究生，30% 毕业生进入世界排名前 50 学校就读，50% 毕业生进入世界排名前 100 学校就读；10% 左右毕业生直接就业，受到用人单位的欢迎和高度评价。

2018 届部分毕业生深造去向

QS 世界大学排名	攻读研究生院校	毕业生 / 位
7	伦敦大学学院	5
14	康奈尔大学	1
16	耶鲁大学	2
17	约翰霍普金斯大学	9
18	哥伦比亚大学	10
19	宾夕法尼亚大学	1
21	密西根大学	2
23	爱丁堡大学	2
23	伦敦大学国王学院	2
26	香港大学	1
34	曼彻斯特大学	3
35	伦敦政治经济学院	1
33	加州大学 - 洛杉矶	4
41	墨尔本大学	6
44	布里斯托大学	10
50	悉尼大学	2
52	纽约大学	5
53	布朗大学	1
55	威斯康星大学 - 麦迪逊	3
65	格拉斯哥大学	14
81	波士顿大学	11
118	加州大学 - 戴维斯	6

学院毕业生大多数供职于国内外知名企、事业单位，如：路透社、汇丰银行、谷歌公司、索尼公司（中国）、奔驰公司（中国）、四大会计师事务所、国有四大银行、中国证监会、中国人寿、神华集团、百度公司、中国国际广播电台等。他们以国际化的视野、中西兼容的知识结构、卓越的创新能力、娴熟的英语技能，成为金融、传媒、经贸、高新技术等领域的精英。

奖学金

2017—2018 年度，学校（中国农业大学及合作外方院校）和学院为品学兼优的学子颁发各类奖学金共计人民币 230 万余元，学生获得奖学金数额最高可达人民币 30000 余元。

注意事项

2019 年国际学院按照专业招生，欲报考的考生请务必提前浏览学院招生网站或咨询学院招生办公室，了解招考流程、学制、学费、专业选择等相关情况。

报考专业名称为：

① 国际经济与贸易（中外合作办学）

②传播学（中外合作办学）

③农林经济管理（中外合作办学）

YANTAI INSTITUTE

烟台研究院

中国农业大学烟台研究院（简称烟台研究院）于 2007 年 5 月 30 日由教育部批复设立，是中国农业大学的重要组成部分。它依托中国农业大学深厚的文化底蕴、突出的学科优势、丰富的教育资源和烟台滨海城市的区域优势，秉承中国农业大学“勤勉持重、爱国忧民”的精神传统和“解民生之多艰，育天下之英才”的校训，坚持教学与科研同步发展的办学理念，发展成为中国农业大学的高层次人才创新实践和培养基地、高新技术成果研发转化基地和服务区域经济社会发展的辐射基地。

烟台研究院位于山东省烟台市高新区，北临滨海大道，南靠青荣高铁和烟威高速公路，交通十分便利。校园建筑既充分体现了中国农业大学百年老校深厚的文化底蕴，又展现了碧海、蓝天、红墙、绿地的海滨建筑风格，突出塑造依山傍海、诗情画意般的风光和多层次的校园文化景观。

烟台研究院现设有食品与葡萄酒学院、海洋学院、理工学院、商学院、人文学院和体艺中心等 6 个教学单位，涉及农学、工学、经济学、管理学、社会学等多个学科门类。多年来，本科生升研率一直保持在 40% 以上（80% 以上的毕业生进入“985 工程”“211 工程”大学继续深造），保研率保持在 20% 左右，

电话 0535-6923108
0535-6923112
0535-6923102
邮箱 cauytzsb@qq.com
网址 www.cauyt.edu.cn

就业率保持在 98% 以上。同时，学校高度重视与境外一流大学开展联合培养活动，以培养具有国际视野、通晓国际规则、能够参与国际事务和国际竞争的国际化人才。截止到目前，烟台研究院已经有 65 名本科生赴康奈尔大学、普度大学等国外大学继续深造；15 名本科生通过联合培养项目，赴美国进行 2 ～ 3 年的本科阶段学习；50 余名本科生赴台湾大学等境外高校进行短期交流学习。

烟台研究院始终坚持教学和科研同步发展的办学理念，依托学校本部的学科优势和成果优势，突出区域产业特色，积极推进科技工作；已建立了小麦玉米国家工程实验室（烟台站）、山东省农业废弃物高效利用技术研究推广中心、农业物联网及大数据研究中心、生物质能科学与技术研究中心、海洋与水产资源可持续利用研究中心、葡萄与葡萄酒研发中心、农业文化研究中心、智能无人飞行器应用研究中心等各级各类研究中心 10 余个；先后承担国家自然科学基金、国家 948 项目、国家科技支撑项目、星火计划等国家、省部、地市级科研课题 180 余项。近年来，推广新技术新成果新品种 10 余项，取得了显著的经济社会效益。

2019 年的招生专业有：理工类专业包括水产养殖学、设施农业科学与工程、市场营销，文史类专业包括市场营销、公共事业管理。新生到北京报到，在北京完成第 1 年的学习后，从第 2 年起到烟台研究院进行教学和实习直至毕业。按规定，这 4 个专业的本科生只允许在烟台研究院内部转专业，不允许转入其他专业继续学习；这部分学生的学历证书与校本部一致。

设施农业科学与工程

培养目标

本专业培养具备生物、环境、工程等学科的基础知识，掌握设施的环境调控、生产管理、设计与建造、园区规划与景观设计的基本理论、基本知识与实践技能，可以在科教、产业、商贸、管理等领域和部门从事现代设施与观光农业的科研与教学、工程与设计、推广与开发、经营与管理等工作的复合型科技人才。

专业优势

设施农业科学与工程专业是集生物、工程、环境等学科为一体，以现代化农业设施为依托的新兴交叉学科。该专业从这一特点入手，在注重对数学、物理、化学、生物、工程、环境等学科的基本理论知识培养的同时，通过社会实践、实习等方式重点培养学生对设施环境控制、设施栽培、设施养殖、农业设施的设计建造、园区景观规划设计等方面的能力，以满足社会对设施农业专业人才的需要。

核心课程

设施作物栽培学、设施作物育种学、温室工程学、设施农业栽培学、建筑设计基础、温室建筑与结构、农业园区规划与管理、农业设施结构与施工。

未来发展

该专业毕业生可到大专院校和研究所等教学研究机构、政府涉农机构以及国内大中小型企业的科教、产业、商贸、管理等部门从事现代设施与观光农业的科研与教学、工程与设计、推广与开发、经营与管理等工作。

2018 届本科生毕业去向

就业单位

近 3 年有代表性的就业单位主要是地方党政机关、企事业单位，如农业局、农业部农业机械化技术开发推广总站、世界资源研究所、汉能光伏全球应用集团、北京中农富通园艺有限公司、林丰源生态环境设计院有限公司等。

水产养殖学

培养目标

随着我国渔业经济结构的优化升级，加之海洋渔业资源的限制捕捞，水产养殖业成为朝阳产业而得到快速发展，对技术和人才的需求越来越多，为水产养殖学专业的毕业生提供了良好的就业和深造前景。水产养殖学专业培养德智体美劳全面发展，具备水产生物增养殖、疫病防治、渔业经济和管理等方面的基本理论、基本知识、基本技能及应用创新能力，能在现代水产养殖园区、教学科研等企事业单位以及党政机关部门从事相关工作的高级专门人才。

专业优势

水产养殖学学科是我校的特色学科。秉承教书育人，耕海牧洋的理念，水产养殖学专业更加注重宽厚基础知识教育和国际先进知识的传递，重视专业素质、实践能力和创新思维的培养，以传授耕海牧洋的技能和素质为基础，立足培养富有创新精神与能力的行业领军人才。

核心课程

微生物学、普通动物学、普通生态学、动物遗传学、组织胚胎学、动物生理学、水环境化学、水产动物营养与饲料、生物饵料培养、水产动物病害学、生物化学、细胞生物学、水产增养殖学（包括鱼类、甲壳类、贝类等）

未来发展

本专业毕业生能在海洋水产和生物相关的生产、教育、科研、管理、经营、推广、开发和贸易等部门工作。本专业近 3 年平均升研率为 62%，其中 80% 以上的升研学生进入“985 工程”“211 工程”大学或中科院、水科院、农科院等单位深造，所选专业大部分为本专业或者相近专业，如渔业、海洋化学、海洋生物学、生态学、食品科学和动物营养与饲料等。学生可通过学校提供的多种途径获得出国深造机会。

就业单位

近 3 年有代表性的就业单位包括：地方政府机关、企事业单位，如市农业委员会、镇政府、寻山集团有限公司、通威集团有限公司、青岛龙兴饲料有限公司等。

2018 届本科生毕业去向

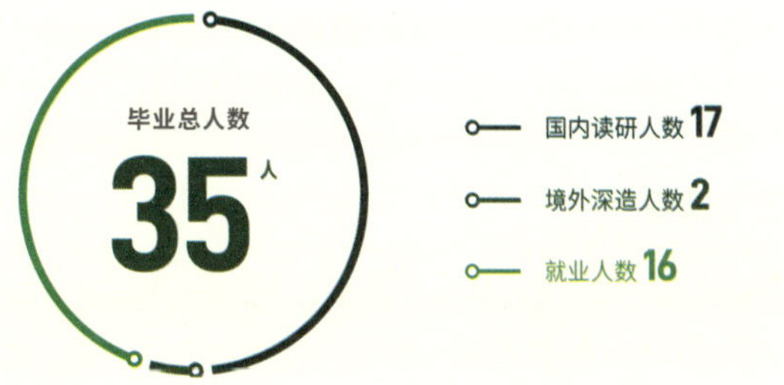

市场营销

培养目标

市场营销是以经济科学、行为科学和现代管理理论为基础，研究以满足消费者需求为中心的企业市场营销活动及其规律的综合性应用科学。随着市场经济的不断完善，企业迫切需要具备系统营销知识和技能的人才，这为市场营销专业提供了广阔的社会需求和发展空间。该专业培养具备管理、经济、法律、市场营销等方面知识和能力，通晓国内外市场营销理论与实务，在企业、事业单位及政府部门从事市场营销实务以及教学、科研方面工作的高级专门人才。

专业优势

市场营销专业建设和课程设置始终围绕社会发展的需要，重视专业素质和实践能力的培养，与国内多家知名企业建立长期合作关系，通过市场营销实习，将现代企业营销活动的主要内容有机地贯穿于实践教育的各个环节，注重市场策划和企业管理能力的培养。学生在课堂之外还可聆听来自校内外的著名专家及企业高管的精彩讲座，全面提升学生的认识判断能力、综合决策能力和思维创造能力，全方位拓宽与提高其在新时代的战略视野和素质。

核心课程

微观经济学、宏观经济学、管理学、管理信息系统、统计学、会计学、财务管理、市场营销、国际市场营销、经济法、消费者行为学、市场调查与预测、电子商务、财务管理、广告学和营销案例等。

未来发展

市场营销专业毕业生可在党政机关、事业单位、工商企业及其他服务领域直接或间接从事各类商品购销、营销策划、商务谈判、市场开发与商品推介等业务工作或管理工作。该专业学生毕业后可选择在中国农业大学或其他高校继续攻读硕士学位，也可选择硕博连读项目。

就业单位

近 3 年有代表性的就业单位包括：各商业银行、各省市国税局、各地海关、山东能源集团、富士施乐（中国）有限公司、平安保险、中国人寿财产保险、烟台张裕集团、青岛海尔集团、青岛啤酒、伊利集团、京东集团等。

2018 届本科生毕业去向

公共事业管理

培养目标

公共事业管理专业是20世纪后半叶在美国等发达国家形成的新兴学科。当前我国治理体系和治理能力现代化战略的推进急需一批掌握新公共管理工具的专门人才。本专业旨在培养熟悉管理学、经济学、法学等学科门类的基本理论，系统掌握公共管理学科的专业知识以及必要的定性和定量分析方法，具有较高的分析和解决公共管理与公共政策问题的技能，通晓公共事务和国际事务管理规则的宽口径、复合型、研究型的高层次公共管理专业人才。

专业优势

中国农业大学公共管理学科具备本科、硕士和博士完整的培养体系，拥有公共管理一级学科的博士点和社会保障、行政管理、农村发展与管理、教育经济与管理等二级学科的硕士点。与其他院校相比，更加注重宽口径与专业性的结合，注重学生研究能力和应用能力的培养，立足培养富有思想性和创新精神的新公共管理先行者。另外，为了满足学生个性化的发展需要，该专业还从大学二年级开始，开设社会保障和工商管理2个辅修方向（各5～8门课程）。

核心课程

宏观（微观）经济学、公共管理学、公共经济学、公共政策学、组织行为学、行政管理学、人力资源管理、土地资源管理、财务管理、管理信息系统、社会学概论、社会保障概论、社会工作概论、社会研究方法、行政法与行政诉讼法等。

未来发展

本专业毕业生可在人力资源、社会保障、社会工作、社区管理、城乡规划等公共领域深入发展，也可在工商管理、农业经济管理、管理科学与工程等管理领域进行拓展性发展，成为政府部门、政策研究机构、社区、大中型企业、管理咨询公司等单位的高级专业人才。本专业每年有超过1/3的毕业生进入“985工程”“211工程”大学和国外知名大学继续深造，20%左右的学生能够获得全国硕士研究生推免（保送）资格，部分学生获得公派留学的机会。

就业单位

近3年有代表性的就业单位包括：省市机关（如北京市女子监狱、北京市教育矫治局、北京市未成年犯管教所、上海市人力资源和社会保障局）派遣单位、大型企业和事业单位（联想集团、中国联通、中国移动、北京建设银行、中国建设银行、招商银行、北京银行、京东集团、中国邮政、中国新闻社、交通局）等。

2018届本科生毕业去向

招生情况

04

中国农业大学 2019 年全日制普通本科招生章程

第一章　总则

第一条　根据《中华人民共和国教育法》《中华人民共和国高等教育法》、教育部有关规定和《中国农业大学章程》，结合本校招生工作的具体情况，特制定本招生章程。

第二条　学校校名为中国农业大学，简称中国农大，英文名称为 China Agricultural University，英文简称 CAU，学校网址为 www.cau.edu.cn。上级主管部门为中华人民共和国教育部。学校东校区位于北京市海淀区清华东路 17 号，西校区位于北京市海淀区圆明园西路 2 号。

第三条　学校为公办全日制普通高校，是进入国家“211 工程”和“985 工程”建设的全国重点大学，2017 年入选一流大学建设高校（A 类）。统招普通本科生在规定的年限内达到所学专业毕业要求者，颁发中国农业大学本科毕业证书；符合学校学位授予有关规定者，颁发普通高等教育本科毕业生学士学位证书。

第二章　组织机构

第四条　学校设立由校长、书记、主管校领导、有关部门负责人及教师、校友、学生代表组成的普通本科招生委员会（以下简称招委会），进行集体审议和决策，全面负责中国农业大学的普通本科招生工作。招委会下设本科招生工作组，负责招委会的日常工作。

第五条　中国农业大学招生办公室作为学校的常设工作机构，负责制定本科招生章程、编制招生计划、开展招生宣传、组织实施本科生录取等日常工作。

第六条　学校招生工作在学校纪检监察部门的监督下进行。

第三章　招生计划

第七条　我校 2019 年继续面向全国 31 个省、自治区、直辖市招收本科学生。招生专业涉及农学、工学、理学、经济学、管理学、法学、文学等 7 大学科门类。学校统筹考虑各省考生数量、生源质量等因素，结合近年来源计划落实情况，确定各省招生计划，详见各省、自治区、直辖市公布的招生计划。我校安排不超过学校本科招生计划 1% 的名额作为预留计划，主要用于生源质量调控及解决同分数考生的录取。

第八条　按照顺序志愿投档的批次，在第一志愿考生生源不足的情况下，将按照考生投档分数由高到低择优录取非第一志愿考生，直至完成来源计划，若符合条件的非第一志愿考生生源仍不足，将征集志愿；按照平行志愿投档的批次，未完成的计划也将征集志愿。征集志愿仍不足则将剩余计划调剂到其他生源质量好的省份完成招生计划。

第九条　我校 2019 年按学科大类招生的有：理科试验班（生命科学）、理科试验班（信息科学）、生物科学类（包括生物科学、生物技术 2 个专业）、环境科学与工程类（包括生态学、资源环境科学、应用气象学、环境工程 4 个专业）、食品科学与工程类（包括食品科学与工程、食品质量与安全、生物工程、葡萄与葡萄酒工程 4 个专业）、农业工程类（包括农业机械化及其自动化、农业工程 2 个专业）、电子信息类（包括电子信息工程、自动化、通信工程 3 个专业）、计算机类（包括计算机科学与技术、数据科学与大数据技术 2 个专业）、水利类（包括农业水利工程、水利水电工程、能源与动力工程 3 个专业）、经济学类（包括国际经济与贸易、金融学、农林经济管理 3 个专业）、工商管理类（包括工商管理、会计学、电子商务 3 个专业）、化学类（包括化学、应用化学 2 个专业）、地理科学类（包括土地资源管理、地理信息科学 2 个专业）等 13 个，共涵盖 32 个专业。

按专业招生的有：农学、种子科学与工程、园艺、园林、植物保护、动物科学、草业科学、动物医学、机械设计制造及其自动化、机械电子工程、工业设计、车辆工程、电气工程及其自动化、农业建筑环境与能源工程、土木工程、数学与应用数学、工程力学、法学、社会学、英语、传播学、农村区域发展、水产养殖学、设施农业科学与工程、市场营销、公共事业管理、国际经济与贸易（中外合作办学）、传播学（中外合作办学）、农林经济管理（中外合作办学）等 29 个。

除动物医学专业学制为 5 年以外，其余专业学制均为 4 年。

第十条 按学科大类录取的学生，入学以后将按学科大类统一组织基础教学，1 ～ 2 学年以后，学生可以根据自己的专业兴趣、就业意向、教学资源等情况，选择其中一个专业继续学习，毕业时获得所选专业的毕业证书。

第十一条 水产养殖学、设施农业科学与工程、市场营销、公共事业管理等 4 个专业只在山东省招生；新生到北京报到，在北京完成第 1 年的学习后，从第 2 年起到我校烟台研究院进行教学和实习直至毕业；这 4 个专业的本科生不得转入其他专业继续学习。

第四章　收费标准

第十二条 我校的收费严格按北京市有关部门的规定执行。2019 年普通本科学生（含港澳台地区学生）收费标准为：农学、种子科学与工程、园艺、园林、植物保护、动物科学、草业科学、动物医学、水产养殖学、设施农业科学与工程等专业学费 3000 元 /（生•年），国际经济与贸易（中外合作办学）、传播学（中外合作办学）、农林经济管理（中外合作办学）等专业学费按北京市中外合作办学收费标准执行，其余专业学费 5000 元 /（生•年）。住宿费标准：900 ～ 1200 元 /（生•年）。

第五章　录取规则

第十三条 招生条件

我校招收的本科学生应符合教育部颁布的有关考生报名资格的规定。

第十四条 调档比例

按照顺序志愿投档的批次，我校调阅考生档案的比例原则上控制在 120% 以内；按照平行志愿投档的批次，调档比例原则上控制在 105% 以内。

第十五条 加（降）分政策

对于符合国家政策享受加分、降分的考生，我校原则上认可各省、自治区、直辖市招生部门的全国性加、降分投档政策，但最大加分不得超过 20 分，按照投档成绩进行录取和专业安排。

第十六条 专业安排

我校对进档考生（内蒙古自治区考生除外）的专业安排以投档成绩作为主要依据，采取分数优先，根据考生成绩和专业志愿，从高分到低分顺序录取。分数相同的考生竞争同一专业时，将依次比较语文、数学、外语、理科综合（简称理综）/ 文科综合（简称文综）科目的成绩，优先录取单科成绩高者，直至完成该专业计划。没有理综、文综的省份，以选测科目等级作为理综或文综的成绩进行比较。

考生所有专业志愿都无法满足时，若服从专业调剂，则参考考生成绩、所报专业倾向等调剂到其他按志愿未能录取满额的专业；若不服从专业调剂，作退档处理。第一志愿实施平行志愿的省份如投档考生服从专业调剂一般不予退档。

第十七条 外语语种

报考英语专业的考生，外语语种要求为英语，且需要口语成绩优良。国际经济与贸易（中外合作办学）、传播学（中外合作办学）、农林经济管理（中外合作办学）、国际经济与贸易等专业建议英语语种的考生报考。

第十八条 相关科目要求

报考工业设计、园林 2 个专业的考生宜有一定的绘画基础。

第十九条 男女比例

我校各专业对男女生比例均无特殊要求。

第二十条 往届生

我校各专业对往届生没有附加要求。

第二十一条 定向就业生

我校招收的非西藏生源定向西藏就业学生为国家指令性计划，列有招生计划省份的考生可自愿填报。我校只录取填报定向就业专业志愿，有书面申请并由家长或监护人签署意见，且投档分数在我校当地调档分数线下 40 分以内、同批录取控制分数线以上的应届高中毕业考生。被录取到定向就业专业的考生，必须在入学前与我校及定向就业单位签订定向就业协议。对拒签协议的已录取学生，我校将取消其录取资格。录取到定向就业专业的考生，入学以后不得申请转专业，毕业时直接到定向单位就业，不能报考研究生。

少数民族预科班、内地西藏班、新疆高中班等类型的招生计划为国家指令性定向就业培养计划，学生毕业后鼓励回生源地就业、创业，同时允许在内地就业。

第二十二条 国家专项计划

我校承担国家专项计划，2019 年继续面向教育部规定区域招生，录取分数不低于当地一批次本科录取控制分数线，对于合并本科录取批次的有关省份录取分数不低于本科批次录取控制分数线。

第二十三条 高校专项计划

我校承担高校专项计划，2019 年面向部分省（自治区、直辖市）招生。获得我校高校专项计划招生资格的考生，录取时我校将按照教育部有关规定择优录取，录取分数不低于当地一批次本科录取控制分数线。

第二十四条 高水平艺术团

我校是经教育部批准的开展招收高水平艺术团试点工作的普通高校之一，2019 年我校继续面向全国招收高水平艺术团考生。生源所在省级招生考试机构若组织高水平艺术团统测的，考生须统测合格，且须通过我校组织的高水平艺术团测试，经公示无异议，与我校签订招收意向书。录取时，在实行高考综合改革的上海市、浙江省，为各省确定的相关最低录取控制参考分数线上增加一定分值予以录取；其他省份，我校将按照教育部有关规定予以降分录取。

第二十五条 高水平运动队

我校是经教育部备案的具有招收高水平运动队资格的普通高校之一，2019 年我校继续面向全国招收高水平运动队考生。生源所在省级招生考试机构若组织高水平运动队统测的，考生须统测合格，且须通过我校的高水平运动队水平测试，经公示无异议，与我校签订招收意向书。录取时我校将按照教育部有关规定予以降分录取。

第二十六条 中外合作办学

我校的国际经济与贸易（中外合作办学）、传播学（中外合作办学）、农林经济管理（中外合作办学）专业安排在部分省（区、市）本科第一批次或指定批次录取，且仅录取填报该专业志愿的考生。

第二十七条 上海市、浙江省录取方案

在实行高考综合改革的上海市、浙江省，我校各招生专业（类）对高中学业水平考试的科目要求，按我校提前公布的 2019 年拟在上海、浙江招生的各专业（类）选考科目范围执行。录取规则根据教育部及相关省份制定的录取办法执行。

第二十八条 江苏省录取方案

1. 理科试验班（生命科学）、农学、种子科学与工程、园艺、园林、植物保护、生物科学类、环境科学与工程类、动物科学、草业科学、动物医学、食品科学与工程类、化学类等理科专业建议选测科目为化学或生物。

2. 报考我校的考生学业水平测试成绩等级要求为“AB”及以上。

第二十九条 内蒙古自治区录取规则

内蒙古自治区实行“招生计划 1：1 范围内按专业志愿排队录取”的录取规则。

第三十条 对考生身体健康状况的补充规定

我校招收身心健康，体检符合《普通高等学校招生体检工作指导意见》的考生。除规定的条目外，根据我校专业培养的实际要求，对考生身体健康状况做补充规定：

患有下列疾病者，学校有关专业不予录取

1. 轻度色觉异常（俗称色弱）不能录取的专业：理科试验班（生命科学）、农学、种子科学与工程、园艺、园林、植物保护、生物科学、生物技术、生态学、资源环境科学、环境工程、动物医学、动物科学、草业科学、生物工程、食品科学与工程、食品质量与安全、葡萄与葡萄酒工程、化学、应用化学、水产养殖学、设施农业科学与工程等专业。

2. 色觉异常 II 度（俗称色盲）不能录取的专业，除同轻度色觉异常外，还包括应用气象学、工业设计、地理信息科学、传播学等专业。

3. 不能准确识别红、黄、绿、蓝、紫各种颜色中任何一种颜色的导线、按键、信号灯、几何图形者不能录取的专业：除同轻度色觉异常、色觉异常 II 度两类列出专业外，还包括理科试验班（信息科学）、土地资源管理、电气工程及其自动化、计算机科学与技术、数据科学与大数据技术、电子信息工程、通信工程、自动化、国际经济与贸易、金融学、农林经济管理、工商管理、会计学、电子商务、农村区域发展、公共事业管理等专业。

患有下列疾病者，不宜就读相关专业

1.《普通高等学校招生体检工作指导意见》规定的相关条目。

2. 嗅觉迟钝或丧失，不宜就读理科试验班（生命科学）、化学、应用化学、生物科学、生物技术、应用气象学、生态学、资源环境科学、环境工程、农学、种子科学与工程、园艺、园林、植物保护、动物科学、草业科学、动物医学、生物工程、食品科学与工程、食品质量与安全、葡萄与葡萄酒工程、水产养殖学、设施农业科学与工程等专业。

3. 色盲不宜就读农业建筑环境与能源工程、土木工程、农业水利工程、水利水电工程等专业。

4. 严重口吃或患有发音妨碍者，不宜就读通信工程、英语、法学、国际经济与贸易等专业。

新生入学后，学校将在 3 个月内按照招生体检规定进行复查，复查不合格者取消学籍。

第六章 其他

第三十一条 我校建立了相对完善的学生资助工作体系，通过奖学金、助学金、助学贷款、勤工助学、困难补助、学费减免等经济措施，保障家庭经济困难学生顺利完成学业，同时大力推进发展型资助项目，助力学生成才。相关申请程序由学校学生资助管理中心负责，咨询电话：010-51423187。

第三十二条 我校目前只提供英语教学，非英语考生报考我校原则上应有一定的英语基础。

第三十三条 我校的有关招生政策及录取结果等将及时在本科招生网上公布，考生可自行查询，网址：jwzs.cau.edu.cn，招生咨询电话：010-62737682。

第三十四条 考生对录取结果有疑义，可向学校纪检监察部门反映，电话：010-62736994。

第三十五条 本章程以教育部最后审核为准，由中国农业大学招生办公室负责解释。

中国农业大学本科招生专业及硕士、博士招生专业一览

学院	2019 年本科招生专业名称	分流时间	本科专业名称	所授学士学位	2019 年硕士、博士招生专业	专硕专业
试验班	理科试验班（生命科学）					
	理科试验班（信息科学）					
农学院	农学			农学	作物栽培学与耕作学，作物遗传育种，种子科学与技术，作物生理学，生物质工程	农艺与种业
	种子科学与工程					
园艺学院	园艺			农学	果树学，蔬菜学，观赏园艺，园林植物与观赏园艺#	农艺与种业，风景园林
	园林					
植物保护学院	植物保护			农学	植物病理学，农业昆虫与害虫防治，植物检疫与农业生态健康	资源利用与植物保护
生物学院	生物科学类	第 4 学期	生物科学	理学	植物学，生理学，微生物学，遗传学，细胞生物学，生物化学与分子生物学，生物信息学	
			生物技术			
资源与环境学院	环境科学与工程类	第 3 学期	资源环境科学	理学	生态学，环境科学，环境科学与工程，土壤学，植物营养学，农业气象学，气象学#，大气物理学与大气环境#	环境工程 资源利用与植物保护
			环境工程	工学		
			应用气象学	理学		
			生态学			
土地科学与技术学院	地理科学类	第 5 学期	土地资源管理	管理学	土地利用与信息技术，土地资源管理	公共管理硕士
			地理信息科学	理学		
动物科技学院	动物科学			农学	动物遗传育种与繁殖，动物营养与饲料科学，畜牧生物工程	畜牧
草业科学与技术学院	草业科学			农学	草学	农艺与种业
动物医学院	动物医学			农学	基础兽医学，预防兽医学，临床兽医学，兽医生物工程，兽医公共卫生，兽医	兽医
食品科学与营养工程学院	食品科学与工程类	第 4 学期	食品科学与工程	工学	农产品加工及贮藏工程，食品科学，粮食、油脂及植物蛋白工程，水产品加工及贮藏工程，食品生物技术，营养与食品安全	食品工程，食品加工与安全
			生物工程			
			食品质量与安全			
			葡萄与葡萄酒工程			
工学院	农业工程类	第 3 学期	农业机械化及其自动化	工学	农业机械化工程，机械制造及其自动化，机械电子工程，机械设计及理论，车辆工程，农业工程，农产品加工及贮藏工程#	机械工程 农业工程 车辆工程
			农业工程			
	机械设计制造及其自动化					
	车辆工程					
	工业设计					
	机械电子工程					

学院	2019 年本科招生专业名称	分流时间	本科专业名称	所授学士学位	2019 年硕士、博士招生专业	专业学位
信息与电气工程学院	电子信息类	第 3 学期	电子信息工程	工学	农业电气化与自动化，计算机科学与技术，农业信息化技术，电气工程#	电气工程 电子与通信工程 农业工程与信息技 术计算机技术
			通信工程			
			自动化			
	电气工程及其自动化					
	计算机类	第 3 学期	计算机科学与技术			
			数据科学与大数据技术	理学		
水利与土木工程学院	水利类	第 3 学期	农业水利工程	工学	水利工程，农业水土工程，农业生物环境与能源工程，土木工程#	动力工程 建筑与土木工程 水利工程 农业工程
			水利水电工程			
			能源与动力工程			
	农业建筑环境与能源工程					
	土木工程					
理学院	化学类	第 3 学期	化学	理学	化学，农药学，数学#，生物物理学#，力学#	
			应用化学			
	数学与应用数学					
	工程力学			工学		
经济管理学院	经济学类	第 3 学期	国际经济与贸易	经济学	农业经济管理，金融学，产业经济学，国际贸易学，食物经济与管理会计学#，企业管理#，	金融，会计
			金融学			
			农林经济管理	管理学		
	工商管理类	第 3 学期	工商管理	管理学		
			会计学			
			电子商务			
人文与发展学院	农村区域发展			管理学	区域经济学，社会学，人类学，发展研究，社会保障，农村发展与管理，法学理论#，经济法学#，民商法学#，行政管理#，教育经济与管理#，英语语言文学#，传播学#	农村发展
	社会学			法学		
	法学					
	传播学			文学		
	英语					
国际学院			国际经济与贸易	经济学		
			农林经济管理（农业商务方向）	管理学		
			传播学	文学		
烟台研究院	水产养殖学			农学		
	设施农业科学与工程					
	市场营销			管理学		
	公共事业管理					

注:

1. 动物医学专业本科学制为 5 年，其他专业本科学制均为 4 年。
2. “硕士、博士点”栏中，带#者为硕士专业，其他均为博士和硕士专业。
3. 其他部门的硕士专业有：马克思主义理论#，图书情报与档案管理#。

2016—2018 年本科录取分数统计

省份	科类	2018 年				2017 年				2016 年			
		重点	最低	平均	最高	重点	最低	平均	最高	重点	最低	平均	最高
北京市	理工	532	634	639	656	537	622	628	645	548	634	642	660
	理工（中外）	532	616	623	636	537	605	612	624	548	612	619	634
	文史	576	640	642	647	555	617	620	624	583	636	638	644
	文史（中外）	576	626	631	643	555	598	606	620	583	621	627	635
天津市	理工	554	626	631	642	521	604	612	628	512	602	608	630
	理工（中外）	554	616	621	625	521	592	596	598	512	572	581	598
	文史	527	615	618	619	531	595	597	601	532	597	599	604
	文史（中外）	527	606	608	611	531	578	580	583	532	570	571	571
河北省	理工	511	642	648	666	485	612	619	641	525	638	644	669
	理工（中外）	511	629	631	632	485	594	598	605	525	614	626	638
	文史	559	646	655	659	517	621	623	627	535	627	629	635
	文史（中外）	559	652	652	652	517	606	609	612	535	610	614	617
山西省	理工	516	598	605	617	481	555	565	601	519	594	600	614
	理工（中外）	516	565	573	593	481	520	533	555	519	562	568	577
	文史	546	601	604	608	518	572	575	580	518	563	565	568
	文史（中外）	546	578	581	587	518	545	554	568	518	536	540	552
内蒙古	理工	478	609	626	647	466	579	601	637	484	599	620	645
	理工（中外）	478	579	597	615	466	544	572	601	484	584	591	610
	文史	501	579	596	601	472	564	572	578	477	569	574	582
	文史（中外）	501	580	585	592	472	547	553	563	477	554	558	562
辽宁省	理工	517	633	639	654	480	609	619	634	498	621	627	649
	理工（中外）	517	621	623	625	480	583	589	599	498	587	592	596
	文史	553	611	613	616	532	598	600	601	525	591	594	599
	文史（中外）	553	604	606	607	532	584	584	584				
吉林省	理工	533	601	616	637	507	545	592	622	530	601	616	646
黑龙江	理工	472	612	618	636	455	591	600	618	486	612	618	646
上海市	综合改革	502	540	545	550	402	527	537	546	360	467	471	478
江苏省	理工	336	374	376	383	331	367	371	380	353	378	381	386
	文史（中外）	337	368	369	370	333	357	361	363	355	368	372	378
浙江省	理工	588	638	643	653	577	627	634	646	600	655	660	674
	文史									603	643	650	656
	综合改革（中外）	588	636	637	638	577	626	628	631				
安徽省	理工	505	619	623	634	487	587	594	610	518	611	616	629
	理工（中外）	505	601	603	608	487	567	571	580	518	580	592	607
	文史	550	624	625	629	515	593	597	602	521	583	585	587
	文史（中外）	550	617	618	619	515	580	583	584	521	573	575	577
福建省	理工	490	599	605	614	441	546	557	582	465	579	586	603
	文史（中外）	551	604	607	616	489	548	553	560	501	544	550	557
江西省	理工	527	612	616	647	503	581	588	604	529	596	600	608
	理工（中外）	527	589	596	606	503	552	559	566	529	577	581	590

省份	科类	2018 年				2017 年				2016 年			
		重点	最低	平均	最高	重点	最低	平均	最高	重点	最低	平均	最高
山东省	理工	517	631	638	655	433	624	631	647	537	639	646	677
	理工（中外）	517	609	613	621	433	598	601	605	537	617	625	632
	理工（烟台）	517	564	574	598	433	553	566	603	537	568	582	617
	文史	550	628	630	633	483	602	605	613	530	594	597	603
	文史（中外）	550	608	612	617	483	582	585	587	530	575	578	580
	文史（烟台）	550	589	595	610	483	561	568	582	530	548	559	576
河南省	理工	499	618	622	636	484	589	595	609	523	613	618	631
	理工（中外）	499	590	595	607	484	566	572	580	523	586	594	607
	文史	547	630	632	636	516	600	603	610	517	586	587	590
	文史（中外）	547	616	620	631	516	582	587	595	517	561	570	577
湖北省	理工	512	619	623	634	484	588	593	607	512	613	619	630
	文史（中外）	561	607	609	611	528	574	579	587	520	560	564	568
湖南省	理工	513	614	619	639	505	583	589	606	517	590	600	618
	文史	569	637	639	644	548	609	615	629	530	581	585	595
广东省	理工	500	584	591	614	485	562	574	639	508	576	583	608
	理工（中外）	500	559	561	562	485	501	523	555	508	569	572	574
	文史（中外）	550	587	591	596	520	549	552	556	514	534	539	549
广西区	理工	513	608	618	634	473	556	569	587	502	587	596	621
	文史（中外）	547	593	597	603	535	571	578	593	542	566	573	582
海南省	理工	602	708	721	737	539	620	690	758	602	717	735	758
重庆市	理工	524	629	635	660	492	599	610	633	525	619	628	653
	理工（中外）	524	606	615	626	492	561	574	594	525	601	609	617
	文史	524	591	592	595	525	597	599	602	527	590	595	600
	文史（中外）	524	578	583	587	525	584	593	601	527	582	586	589
四川省	理工	546	631	637	655	511	600	609	628	532	612	620	650
	理工（中外）	546	621	624	627	511	587	589	592	532	595	606	638
	文史	553	608	611	615	537	597	603	613	540	591	596	604
	文史（中外）	553	593	595	596	537	583	586	588	540	575	576	579
贵州省	理工	484	608	613	635	456	565	572	596	473	593	602	625
云南省	理工	530	623	629	650	500	569	592	630	525	611	620	639
西藏区	理工（汉）	445	601	601	601	426	543	543	543	425	535	535	535
	理工（少）	327	425	425	425								
陕西省	理工	474	604	614	631	449	578	594	650	470	595	605	632
	文史	518	615	616	617	509	602	609	617	511	599	607	621
甘肃省	理工	483	591	597	625	460	561	569	587	490	582	590	614
	文史（中外）	502	560	563	568	505	536	547	555	504	551	552	552
青海省	理工	403	523	543	564	391	437	508	545	416	537	547	558
宁夏区	理工	463	574	584	596	439	555	561	572	465	557	569	580
新疆区	理工	467	595	604	627	437	549	560	586	464	570	581	630
	文史（中外）	500	574	581	585	486	552	560	566	487	566	570	577
港澳台	理工	400	474	529	593	400	490	530	601	400	517	523	529
	文史					400	400	400	400	400	440	440	440

注：本表不统计高水平艺术团、高水平运动队、非西藏生源定向西藏生、国家专项、高校专项、征集志愿考生。

本科专业体检受限项目与可报考专业对照表

体检受限项目

轻度色觉异常（俗称色弱）

01

可报考专业

理科试验班（信息科学）/ 环境科学与工程类（应用气象学）
农业工程类（农业机械化及其自动化、农业工程）/ 机械设计制造及其自动化
水利类（农业水利工程、水利水电工程、能源与动力工程）
农业建筑环境与能源工程 / 土木工程 / 机械电子工程 / 车辆工程 / 工业设计
电子信息类（自动化、电子信息工程、通信工程）/ 电气工程及其自动化
计算机类（计算机科学与技术、数据科学与大数据技术）
地理科学类（土地资源管理、地理信息科学）/ 数学与应用数学
工程力学 / 经济学类（国际经济与贸易、金融学、农林经济管理）
工商管理类（工商管理、会计学、电子商务）/ 法学 / 社会学 / 英语
农村区域发展 / 传播学 / 国际经济与贸易（中外合作办学）
传播学（中外合作办学）/ 农林经济管理（中外合作办学）/ 市场营销 / 公共事业管理

体检受限项目

色觉异常 II 度（俗称色盲）

02

可报考专业

理科试验班（信息科学）/ 地理科学类（土地资源管理）
农业工程类（农业机械化及其自动化、农业工程）/ 机械设计制造及其自动化
水利类（农业水利工程、水利水电工程、能源与动力工程）
农业建筑环境与能源工程 / 土木工程 / 机械电子工程 / 车辆工程
电子信息类（自动化、电子信息工程、通信工程）/ 电气工程及其自动化
计算机类（计算机科学与技术、数据科学与大数据技术）
数学与应用数学 / 工程力学
经济学类（国际经济与贸易、金融学、农林经济管理）
工商管理类（工商管理、会计学、电子商务）/ 法学 / 社会学 / 英语
农村区域发展 / 国际经济与贸易（中外合作办学）/ 传播学（中外合作办学）
农林经济管理（中外合作办学）/ 市场营销 / 公共事业管理

体检受限项目

不能准确识别红、黄、绿、蓝、紫各种颜色中任何一种颜色的导线、按键、信号灯、几何图形者

03

可报考专业

农业工程类（农业机械化及其自动化、农业工程）
机械设计制造及其自动化
水利类（农业水利工程、水利水电工程、能源与动力工程）
农业建筑环境与能源工程 / 土木工程 / 机械电子工程
车辆工程 / 数学与应用数学 / 工程力学 / 法学 / 社会学 / 英语
国际经济与贸易（中外合作办学）/ 传播学（中外合作办学）
农林经济管理（中外合作办学）/ 市场营销

教育部、卫生部（现为国家卫生健康委员会）、中国残疾人联合会修订《普通高等学校招生体检工作指导意见》

患有下列疾病者，学校可以不予录取

1. 严重心脏病（先天性心脏病经手术治愈，或房室间隔缺损分流量少，动脉导管未闭返流血量少，经二级以上医院专科检查确定无须手术者除外）、心肌病、高血压病。

2. 重症支气管扩张、哮喘，恶性肿瘤、慢性肾炎、尿毒症。

3. 严重的血液、内分泌及代谢系统疾病、风湿性疾病。

4. 重症或难治性癫痫或其他神经系统疾病；严重精神病未治愈、精神活性物质滥用和依赖。

5. 慢性肝炎病人并且肝功能不正常者（肝炎病原携带者但肝功能正常者除外）。

6. 结核病除下列情况外可以不予录取：

- 原发型肺结核、浸润性肺结核已硬结稳定；结核型胸膜炎已治愈或治愈后遗有胸膜肥厚者；
- 一切肺外结核（肾结核、骨结核、腹膜结核等）、血行性播散型肺结核治愈后一年以上未复发，经二级以上医院（或结核病防治所）专科检查无变化者；
- 淋巴结结核已临床治愈无症状者。

患有下列疾病者，学校有关专业可不予录取

1. 轻度色觉异常（俗称色弱）不能录取的专业：以颜色波长作为严格技术标准的化学类、化工与制药类、药学类、生物科学类、公安技术类、地质学类各专业，医学类各专业；生物工程、生物医学工程、动物医学、动物科学、野生动物与自然保护区管理、心理学、应用心理学、生态学、侦察学、特种能源工程与烟火技术、考古学、海洋科学、海洋技术、轮机工程、食品科学与工程、轻化工程、林产化工、农学、园艺、植物保护、茶学、林学、园林、蚕学、农业资源与环境、水产养殖学、海洋渔业科学与技术、材料化学、环境工程、高分子材料与工程、过程装备与控制工程、学前教育、特殊教育、体育教育、运动训练、运动人体科学、民族传统体育各专业。

2. 色觉异常 II 度（俗称色盲）不能录取的专业：除同轻度色觉异常外，还包括美术学、绘画、艺术设计、摄影、动画、博物馆学、应用物理学、天文学、地理科学、应用气象学、材料物理、矿物加工工程、资源勘探工程、冶金工程、无机非金属材料工程、交通运输、油气储运工程等专业。专科专业与以上专业相同或相近专业。

3. 不能准确识别红、黄、绿、蓝、紫各种颜色中任何一种颜色的导线、按键、信号灯、几何图形者不能录取的专业：除同轻度色觉异常、色觉异常 II 度两类列出专业外，还包括经济学类、管理科学与工程类、工商管理类、公共事业管理类、农业经济管理类、图书档案学类各专业。不能准确在显示器上识别红、黄、绿、蓝、紫各颜色中任何一种颜色的数码、字母者不能录取到计算机科学与技术等专业。

4. 裸眼视力任何一眼低于 5.0 者不能录取的专业：飞行技术、航海技术、消防工程、刑事科学技术、侦察。专科专业：海洋船舶驾驶及与以上专业相同或相近专业（如民航空中交通管制）。

5. 裸眼视力任何一眼低于 4.8 者不能录取的专业：轮机工程、运动训练、民族传统体育。专科专业：烹饪与营养、烹饪工艺等。

患有下列疾病不宜就读的专业

1. 主要脏器：肺、肝、肾、脾、胃肠等动过较大手术，功能恢复良好，或曾患有心肌炎、胃或十二指肠溃疡、慢性支气管炎、风湿性关节炎等病史，甲状腺功能亢进已治愈一年的，不宜就读地矿类、水利类、交通运输类、能源动力类、公安学类、体育学类、海洋科学类、大气科学类、水产类、测绘类、海洋工程类、林业工程类、武器类、森林资源类、环境科学与工程类、环境生态类、旅游管理类、草业科学类各专业，及土木工程、消防工程、农业水利工程、农学、法医学、水土保持与荒漠化防治、动物科学各专业。专科专业不宜就读烹饪工艺、西餐工艺、面点工艺、烹饪与营养、表演、舞蹈学、雕塑、考古学、地质学、建筑工程、交通土建工程、工业设备安装工程、铁道与桥梁工程、公路与城市道路工程、公路与桥梁工程、铁道工程、工业与民用建筑工程专业。

2. 先天性心脏病经手术治愈，或房室间隔缺损分流量少，动脉导管未闭返流血量少，经二级以上医院专科检查确定无须手术者不宜就读的专业同第三部分第一条。

3. 肢体残疾（不继续恶化），不宜就读的专业同第三部分第一条。

4. 屈光不正（近视眼或远视眼，下同）任何一眼矫正到 4.8 镜片度数大于 400 度的，不宜就读海洋技术、海洋科学、测控技术与仪器、核工程与核技术、生物医学工程、服装设计与工程、飞行器制造工程。专科专业：与以上相同或相近专业。

5. 任何一眼矫正到 4.8 镜片度数大于 800 度的，不宜就读地矿类、水利类、土木类、动物生产类、水产类、材料类、能源动力类、化工与制药类、武器类、农业工程类、林业工程类、植物生产类、森林资源类、环境生态类、医学类、心理学类、环境与安全类、环境科学与工程类、电子信息科学类、材料科学类、地质学类、大气科学类及地理科学、测绘工程、交通工程、交通运输、油气储运工程、船舶与海洋工程、生物工程、草业科学、动物医学各专业。专科专业：与以上相同或相近专业。

6. 一眼失明、另一眼矫正到 4.8 镜片度数大于 400 度的，不宜就读工学、农学、医学、法学各专业及应用物理学、应用化学、生物技术、地质学、生态学、环境科学、海洋科学、海洋技术、生物科学、应用心理学等专业。

7. 两耳听力均在 3 米以内，或一耳听力在 5 米、另一耳全聋的，不宜就读法学各专业、外国语言文学各专业以及外交学、新闻学、侦察学、学前教育、音乐学、录音艺术、土木工程、交通运输、动物科学、动物医学各专业、医学各专业。

8. 嗅觉迟钝、口吃、步态异常、驼背，面部疤痕、血管瘤、黑色素痣、白癜风的，不宜就读教育学类、公安学类各专业以及外交学、法学、新闻学、音乐表演、表演各专业。

9. 斜视、嗅觉迟钝、口吃不宜就读医学类专业。

此部分内容供考生在报考专业志愿时参考。学校不得以此为依据，拒绝录取达到相关要求的考生。

其他

1. 未列入专业目录或经教育部批准有权自定新的学科专业，学校招生时可根据专业性质、特点，提出学习本专业对身体素质、生理条件的要求，并在招生章程中明确刊登，做好咨询解释工作。

2. 公安类普通高等学校招生体检按公政治 [2000]137 号文件执行。

3. 中国人民解放军院校招收学员体格检查按 [1997] 后联字 2 号文件执行。

招生咨询电话 区号：010

农学院	6273 4892
园艺学院	6273 2464
植物保护学院	6273 3257
生物学院	6273 3542
资源与环境学院	6273 3073
土地科学与技术学院	6273 2865 / 6273 6581
动物科学技术学院	6273 3513
草业科学与技术学院	6273 3513
动物医学院	6273 2976 / 6273 3704

食品科学与营养工程学院	6273 7959
工学院	6273 6553
信息与电气工程学院	6273 7430
水利与土木工程学院	6273 6526
理学院	6273 6563 / 6273 2889
经济管理学院	6273 6583
人文与发展学院	6273 8525
国际学院	6273 7792/3/4
烟台研究院	0535-6923108 / 6923112

学校周边公交线路

东校区

26、577、594、特 15、运通 110 到中国农业大学东校区站，355、398、478、490、577、606、632、693、运通 103、运通 126 到静淑苑站（农大西门）下车。

北京站、北京南站、北京西站—东校区南门

乘地铁到 15 号线六道口站（B 出口）。

首都机场—东校区

乘机场大巴至中关村，从保福寺桥西乘 26 路公交车到中国农业大学东校区站下车；或乘地铁到 15 号线六道口站（B 出口）。

西校区

333 内、333 外、362、438、476、509、575、651、特 4、运通 108、运通 114 到中国农业大学西校区站下车。

北京站、北京南站、北京西站—西校区正门

乘地铁到 16 号线农大南路站（B 出口）。

首都机场—西校区

乘机场大巴至中关村，从保福寺桥西乘 333 路内环公交车到中国农业大学西校区站下车；或乘地铁到 16 号线农大南路站（B 出口）。